GEOGRAFIA 4

Organizadora: Editora Ática S.A.
Obra coletiva concebida pela Editora Ática S.A.
Editora responsável: Heloisa Pimentel

Material de apoio deste volume:
- Miniatlas Geografia geral

editora ática

editora ática

Diretoria editorial
Lidiane Vivaldini Olo

Gerência editorial
Luiz Tonolli

Editoria de Ciências Humanas
Heloisa Pimentel

Edição
Maria Luísa Nacca
Lucas Abrami (assist.) e Mariana Renó Faria (estag.)

Gerência de produção editorial
Ricardo de Gan Braga

Arte
Andréa Dellamagna (coord. de criação),
Talita Guedes (progr. visual de capa e miolo),
Claudio Faustino (coord.),
Yong Lee Kim (editora) e
Luiza Massucato, Casa de Tipos (diagram.)

Revisão
Hélia de Jesus Gonsaga (ger.),
Rosângela Muricy (coord.),
Gabriela Macedo de Andrade, Patrícia Travanca,
Paula Teixeira de Jesus e Vanessa de Paula Santos,
Brenda Morais e Gabriela Miragaia (estagiárias)

Iconografia
Sílvio Kligin (superv.),
Denise Durand Kremer (coord.),
Iron Mantovanello (pesquisa),
Cesar Wolf e Fernanda Crevin (tratamento de imagem)

Ilustrações
Estúdio Icarus – Criação de Imagem (capa),
Adilson Farias, Alex Argozino, Cícero Soares,
Ilustra Cartoon e Júlio Dian (miolo)

Cartografia
Eric Fuzii, Loide Edelweiss Iizuka e Márcio Souza

Direitos desta edição cedidos à Editora Ática S.A.
Avenida das Nações Unidas, 7221, 3º andar, Setor A
Pinheiros – São Paulo – SP – CEP 05425-902
Tel.: 4003-3061
www.atica.com.br / editora@atica.com.br

Dados Internacionais de Catalogação na Publicação (CIP)
(Câmara Brasileira do Livro, SP, Brasil)

Projeto Lumirá : geografia : 2º ao 5º ano / obra coletiva da Editora Ática ; editor responsável : Heloisa Pimentel . – 2. ed. – São Paulo : Ática, 2016. – (Projeto Lumirá : geografia)

1. Geografia (Ensino fundamental) I. Pimentel, Heloisa. II. Série.

16-01315   CDD-372.891

Índice para catálogo sistemático:
1. Geografia : Ensino fundamental 372.891

2017

ISBN 978 85 08 17854 4 (AL)
ISBN 978 85 08 17855 1 (PR)

Cód. da obra CL 739150

CAE 565913 (AL) / 565914 (PR)

2ª edição
3ª impressão

Impressão e acabamento
Bercrom Gráfica e Editora

Elaboração dos originais

Marlon Clovis Medeiros

Licenciado em Geografia pela Universidade do Estado de Santa Catarina
Mestre em Geografia pela Universidade Estadual Paulista Júlio de Mesquita Filho (SP)
Doutor em Geografia Humana pela Universidade de São Paulo (USP-SP)
Professor de Geografia da Universidade Estadual do Oeste do Paraná (PR)

Bárbara Machado

Licenciada em Geografia pela Universidade Estadual do Oeste do Paraná (PR)
Agente educacional da Secretaria da Educação do Paraná (PR)

Marianka Gonçalves Santa Bárbara

Licenciada em Letras pela Universidade Federal de Campina Grande (UFCG-PB)
Mestra em Linguística Aplicada pela Pontifícia Universidade Católica de São Paulo (PUC-SP)
Professora do Cogeae-PUC-SP

Projeto LUMIRÁ

Este é o seu livro de **Geografia do 4º ano**.

Escreva aqui o seu nome:

_____

_____

Este livro vai ajudar você a investigar e compreender o mundo em que vivemos. Com ele você vai conhecer mais sobre o planeta Terra, os continentes e suas paisagens e as pessoas do nosso país.

Bom estudo!

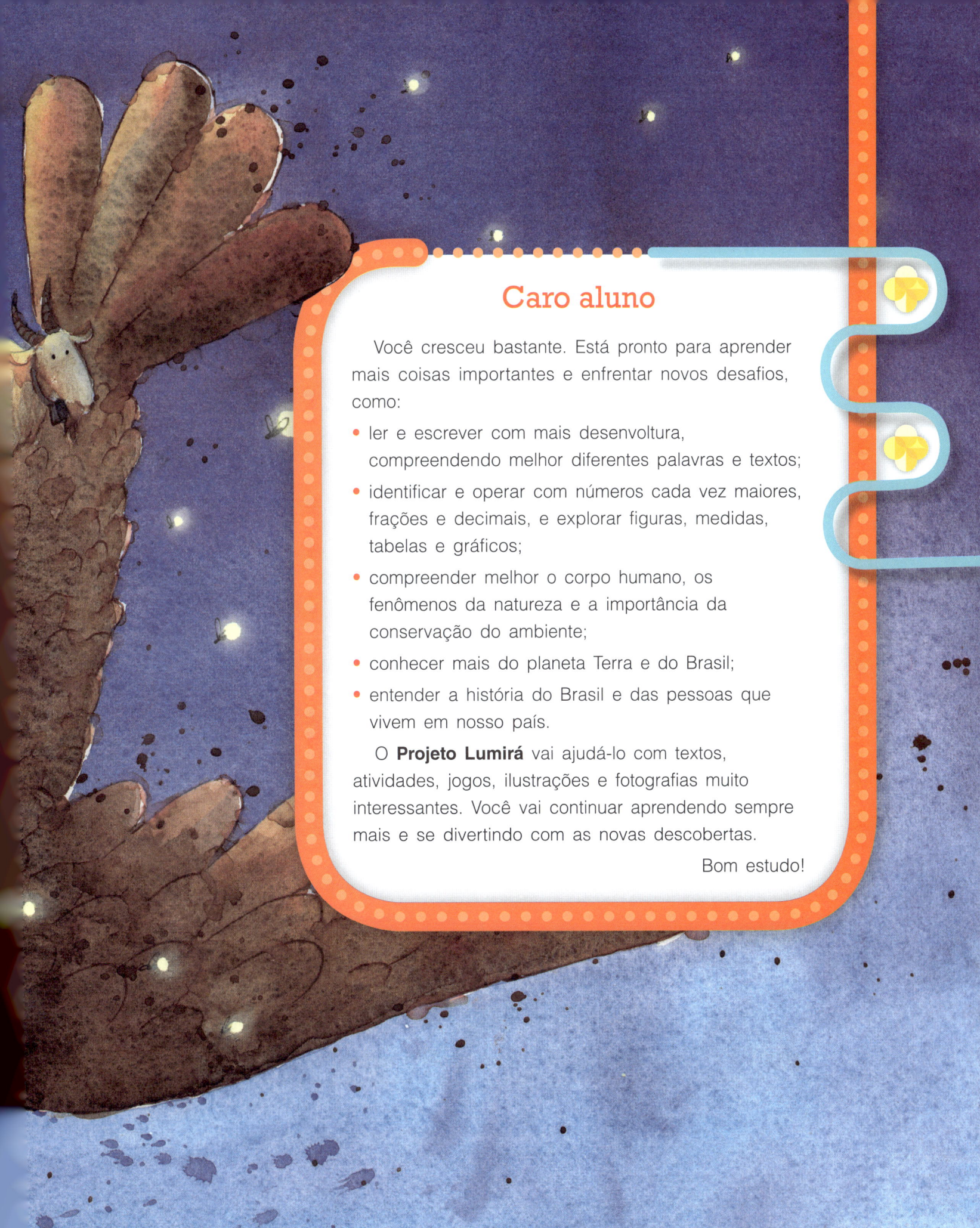

Caro aluno

Você cresceu bastante. Está pronto para aprender mais coisas importantes e enfrentar novos desafios, como:

- ler e escrever com mais desenvoltura, compreendendo melhor diferentes palavras e textos;
- identificar e operar com números cada vez maiores, frações e decimais, e explorar figuras, medidas, tabelas e gráficos;
- compreender melhor o corpo humano, os fenômenos da natureza e a importância da conservação do ambiente;
- conhecer mais do planeta Terra e do Brasil;
- entender a história do Brasil e das pessoas que vivem em nosso país.

O **Projeto Lumirá** vai ajudá-lo com textos, atividades, jogos, ilustrações e fotografias muito interessantes. Você vai continuar aprendendo sempre mais e se divertindo com as novas descobertas.

Bom estudo!

COMO É O MEU LIVRO?

Este livro tem quatro unidades, cada uma delas com três capítulos. No final, na seção **Para saber mais** há indicações de livros, vídeos e *sites* para complementar seu estudo.

ABERTURA DE UNIDADE
Você observa a imagem, responde às questões e troca ideias com os colegas e o professor sobre o que vai estudar.

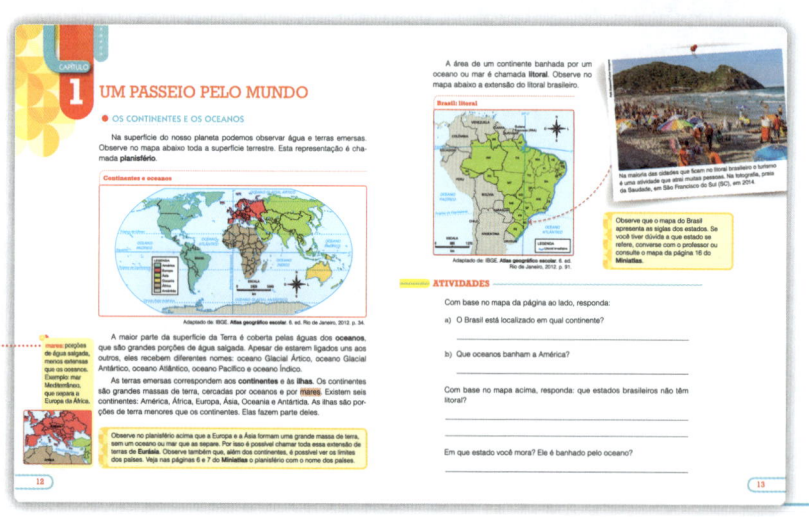

CAPÍTULOS
Textos, fotografias, ilustrações e mapas vão motivar você a pensar, questionar e aprender. Há atividades para cada tema. No final do capítulo, a seção **Atividades do capítulo** traz mais exercícios para completar seu estudo.

Glossário
O glossário explica o significado de algumas palavras que talvez você não conheça.

ENTENDER O ESPAÇO GEOGRÁFICO
Aqui você vai conhecer e utilizar a linguagem cartográfica.

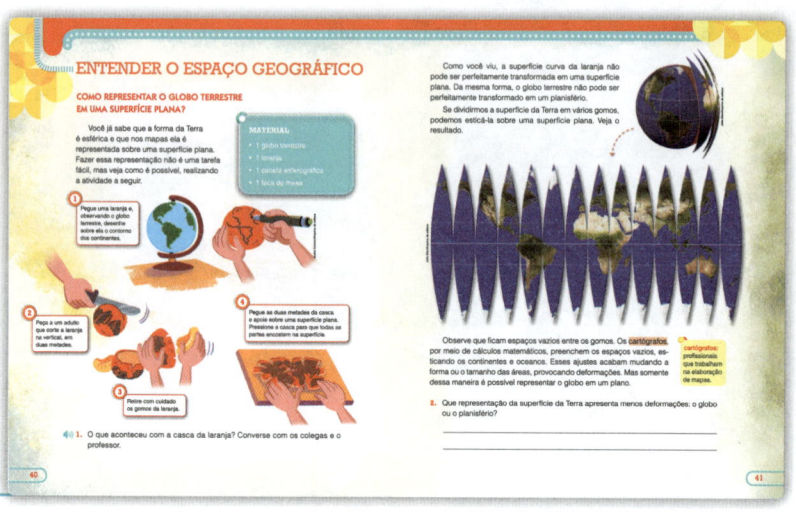

ÍCONE

🔊 ATIVIDADE ORAL

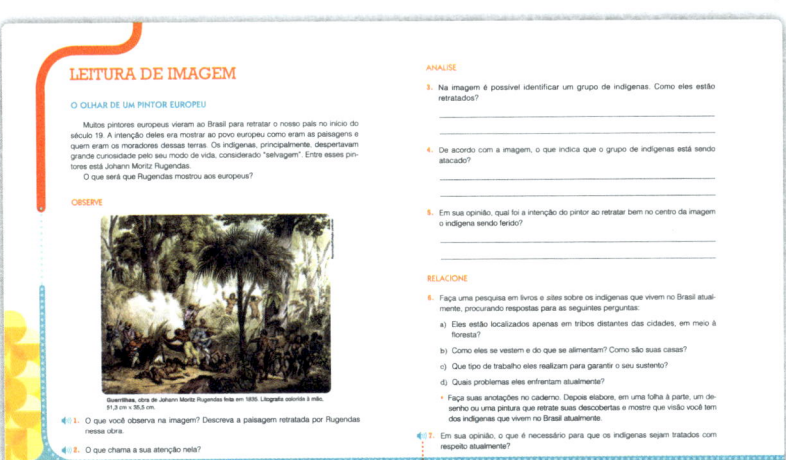

LEITURA DE IMAGEM

Aqui você vai fazer um trabalho com imagens. Elas ajudam você a refletir sobre os temas estudados: o que é parecido com seu dia a dia, o que é diferente.

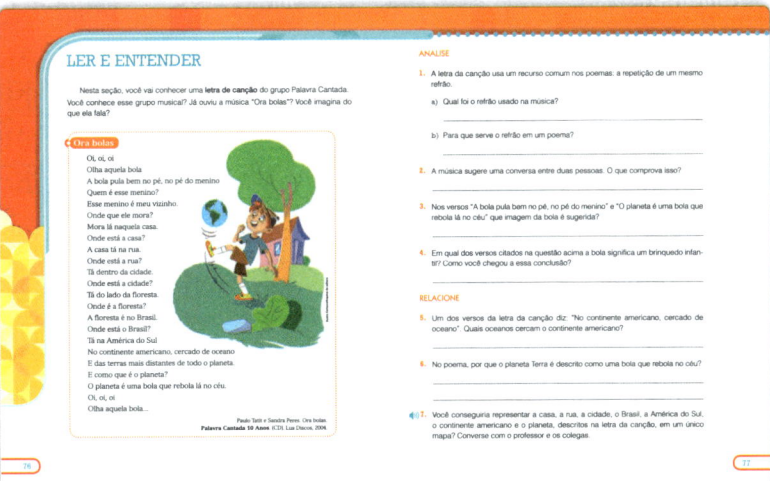

LER E ENTENDER

Nesta seção você vai ler diferentes textos. Pode ser um poema, um rótulo de produto ou uma notícia. Um roteiro de perguntas vai ajudar você a ler cada vez melhor e a relacionar o que leu aos conteúdos estudados.

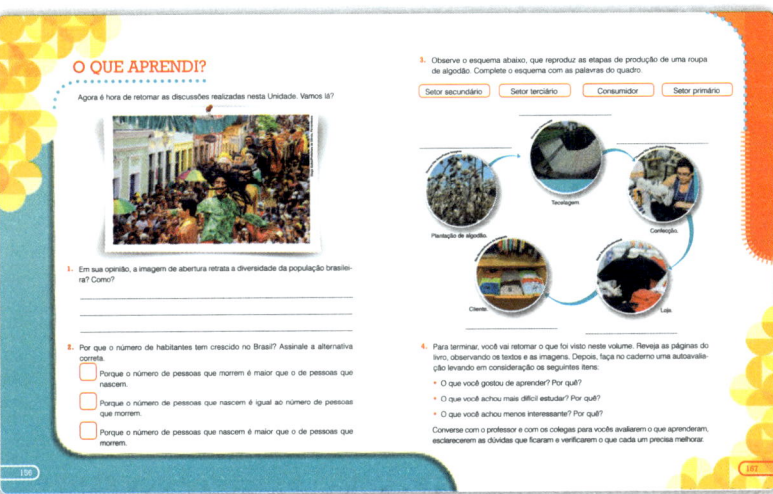

O QUE APRENDI?

Aqui você encontra atividades para pensar no que aprendeu, mostrar o que já sabe e refletir sobre o que precisa melhorar.

SUMÁRIO

UNIDADE 1

CONHECENDO O NOSSO PLANETA 10

CAPÍTULO 1: Um passeio pelo mundo 12
- Os continentes e os oceanos 12
- As paisagens dos continentes........... 14
- As paisagens se transformam 18
- **Atividades do capítulo** 20

CAPÍTULO 2: Como representar a Terra 22
- O planisfério e o globo terrestre........... 22
- As linhas imaginárias da Terra............ 24
- Os movimentos da Terra 26
- **Atividades do capítulo** 30

CAPÍTULO 3: A superfície da Terra em mapas e plantas 32
- Os símbolos e as cores................ 32
- A escala........................ 34
- O Sol e a rosa dos ventos 36
- **Atividades do capítulo** 38

- **Entender o espaço geográfico:**
  Como representar o globo terrestre em uma superfície plana?................ 40
- **Ler e entender** 42

O QUE APRENDI? 44

UNIDADE 2

O BRASIL E O CONTINENTE AMERICANO .. 46

CAPÍTULO 4: A América 48
- A localização do continente 48
- América do Norte 49
- América Central 50
- América do Sul.................... 52
- **Atividades do capítulo** 54

CAPÍTULO 5: O Brasil na América do Sul 56
- Limites e fronteiras 56
- Os limites do território brasileiro ao longo da história 58
- O trabalho escravo na construção do Brasil..... 60
- **Leitura de imagem:**
  O olhar de um pintor europeu 62
- **Atividades do capítulo** 64

CAPÍTULO 6: O território brasileiro........... 66
- As regiões do IBGE 66
- Os estados e os municípios 68
- As capitais 70
- **Atividades do capítulo** 72

- **Entender o espaço geográfico:**
  O Brasil em diferentes escalas 74
- **Ler e entender** 76

O QUE APRENDI? 78

UNIDADE 3

AS PAISAGENS BRASILEIRAS 80

CAPÍTULO 7: O clima e as paisagens 82
- As diferenças climáticas do Brasil 82
- As zonas climáticas 84
- Tempo atmosférico e os climas do Brasil ... 86
- A ação humana e a interferência no clima 88
- **Atividades do capítulo** 90

CAPÍTULO 8: O relevo e as paisagens 92
- As formas de relevo do Brasil 92
- A natureza transforma o relevo 94
- As altitudes do território brasileiro 96
- Principais formas do litoral brasileiro 98
- A ação humana no relevo 100
- **Atividades do capítulo** 102

CAPÍTULO 9: A vegetação, os rios e as paisagens 104
- Os tipos de vegetação do Brasil 104
- Os rios do Brasil 106
- As matas ciliares 108

- **Leitura de imagem:**
  - O ser humano e a natureza 110
  - **Atividades do capítulo** 112

- **Entender o espaço geográfico:**
  - Mapa de previsão do tempo 114

- **Ler e entender** 116

O QUE APRENDI? 118

UNIDADE 4

A POPULAÇÃO BRASILEIRA E SUAS ATIVIDADES 120

CAPÍTULO 10: A população brasileira 122
- A ocupação do território 122
- A composição étnica 124
- O crescimento da população brasileira 126
- A população rural e urbana 128
- **Atividades do capítulo** 130

CAPÍTULO 11: As atividades econômicas ... 132
- Os setores da economia no Brasil 132
- As atividades econômicas e as transformações das paisagens 134
- As transformações das paisagens no Brasil 136

- **Leitura de imagem:**
  - A poluição 138
  - **Atividades do capítulo** 140

CAPÍTULO 12: Os serviços de transporte e de comunicação 142
- Os meios de transporte 142
- O transporte no Brasil 144
- Os meios de comunicação 148
- **Atividades do capítulo** 150

- **Entender o espaço geográfico:**
  - Os gráficos de setores 152

- **Ler e entender** 154

O QUE APRENDI? 156

PARA SABER MAIS 158
BIBLIOGRAFIA 160

UNIDADE 1
CONHECENDO O NOSSO PLANETA

Imagem ilustrativa.

CAPÍTULO 1

UM PASSEIO PELO MUNDO

OS CONTINENTES E OS OCEANOS

Na superfície do nosso planeta podemos observar água e terras emersas. Observe no mapa abaixo toda a superfície terrestre. Esta representação é chamada **planisfério**.

Continentes e oceanos

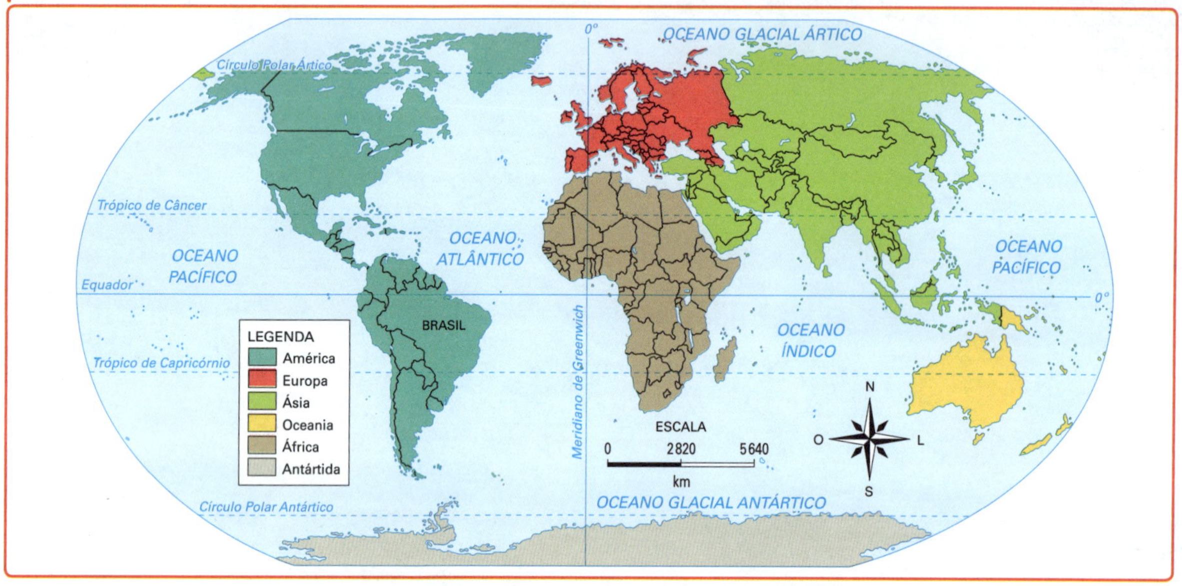

Adaptado de: IBGE. **Atlas geográfico escolar**. 6. ed. Rio de Janeiro, 2012. p. 34.

mares: porções de água salgada, menos extensas que os oceanos. Exemplo: mar Mediterrâneo, que separa a Europa da África.

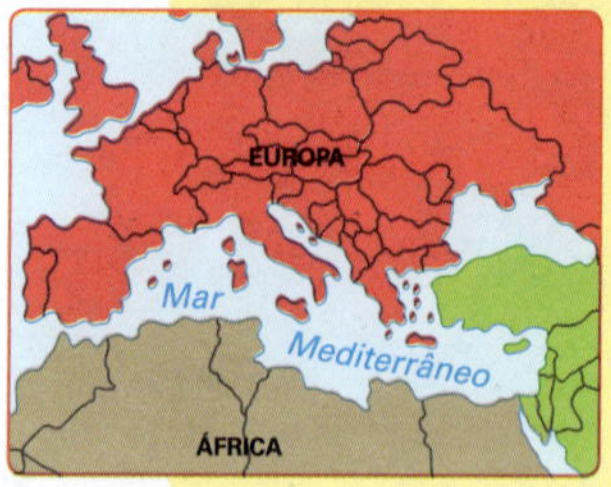

A maior parte da superfície da Terra é coberta pelas águas dos **oceanos**, que são grandes porções de água salgada. Apesar de estarem ligados uns aos outros, eles recebem diferentes nomes: oceano Glacial Ártico, oceano Glacial Antártico, oceano Atlântico, oceano Pacífico e oceano Índico.

As terras emersas correspondem aos **continentes** e às **ilhas**. Os continentes são grandes massas de terra, cercadas por oceanos e por mares. Existem seis continentes: América, África, Europa, Ásia, Oceania e Antártida. As ilhas são porções de terra menores que os continentes. Elas fazem parte deles.

Observe no planisfério acima que a Europa e a Ásia formam uma grande massa de terra, sem um oceano ou mar que as separe. Por isso é possível chamar toda essa extensão de terras de **Eurásia**. Observe também que, além dos continentes, é possível ver os limites dos países. Veja nas páginas 6 e 7 do **Miniatlas** o planisfério com o nome dos países.

A área de um continente banhada por um oceano ou mar é chamada **litoral**. Observe no mapa abaixo a extensão do litoral brasileiro.

Brasil: litoral

Adaptado de: IBGE. **Atlas geográfico escolar**. 6. ed. Rio de Janeiro, 2012. p. 91.

Na maioria das cidades que ficam no litoral brasileiro o turismo é uma atividade que atrai muitas pessoas. Na fotografia, praia da Saudade, em São Francisco do Sul (SC), em 2014.

Observe que o mapa do Brasil apresenta as siglas dos estados. Se você tiver dúvida a que estado se refere, converse com o professor ou consulte o mapa da página 16 do **Miniatlas**.

ATIVIDADES

1 Com base no mapa da página ao lado, responda:

a) O Brasil está localizado em qual continente?

_____

b) Que oceanos banham a América?

_____

2 Com base no mapa acima, responda: que estados brasileiros não têm litoral?

_____

_____

3 Em que estado você mora? Ele é banhado pelo oceano?

_____

AS PAISAGENS DOS CONTINENTES

Os continentes apresentam uma grande diversidade de paisagens. **Paisagem** é tudo aquilo que pode ser visto e percebido em um lugar, em determinado momento.

Os oceanos, os rios, as montanhas, as árvores e os animais são **elementos naturais** que podem compor as paisagens. As pessoas e as construções são alguns dos **elementos culturais** que também podem compor uma paisagem.

As paisagens são o resultado da interdependência entre os elementos naturais e culturais. Por isso, cada uma é de um jeito.

Nos continentes podemos encontrar paisagens totalmente transformadas pelo ser humano. Conheça algumas delas nas imagens a seguir.

Esta fotografia é de Paris, uma importante cidade da França, país localizado na **Europa**. Nela é possível ver uma das construções mais conhecidas da cidade: a torre Eiffel. Fotografia de 2015.

Esta fotografia é de Tóquio, uma moderna cidade do Japão, país localizado na **Ásia**. Uma das paisagens mais conhecidas desse país pode ser vista ao fundo nesta imagem: o monte Fuji. Fotografia de 2015.

Alexandre Cappi/Pulsar Imagens

Esta fotografia é de São Paulo, uma das mais importantes cidades da **América**. Atualmente é a cidade brasileira que tem o maior número de habitantes. Fotografia de 2014.

Esta fotografia é de Sydney, na Austrália, uma moderna cidade litorânea, a mais populosa da **Oceania**. Fotografia de 2015.

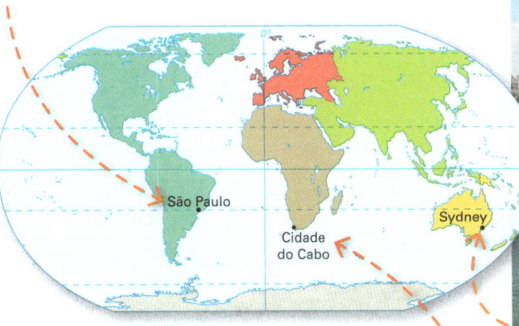

Esta fotografia é da Cidade do Cabo, na África do Sul, uma das mais importantes cidades da **África**. Nela é possível observar o estádio Green Point, construído para a Copa do Mundo de Futebol de 2010. Fotografia de 2015.

Oliver Wintzen/Alamy Stock Photo/Latinstock

Greg Balfour Evans/Alamy Stock Photo/Latinstock

Estádio Green Point

Nos continentes existem também paisagens onde predominam os elementos naturais, pouco transformadas pelo ser humano. Observe as imagens.

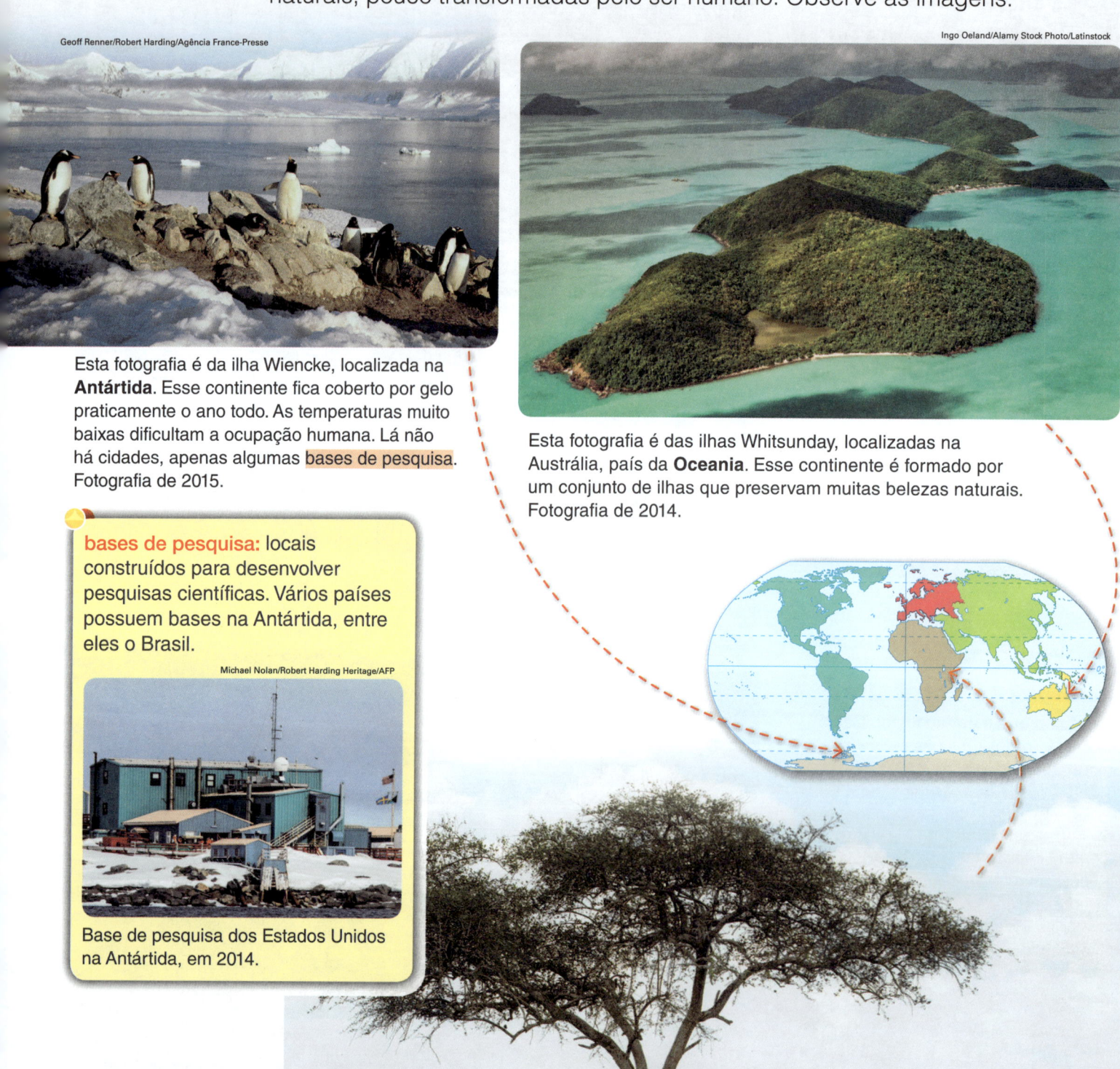

Geoff Renner/Robert Harding/Agência France-Presse

Esta fotografia é da ilha Wiencke, localizada na **Antártida**. Esse continente fica coberto por gelo praticamente o ano todo. As temperaturas muito baixas dificultam a ocupação humana. Lá não há cidades, apenas algumas bases de pesquisa. Fotografia de 2015.

Ingo Oeland/Alamy Stock Photo/Latinstock

Esta fotografia é das ilhas Whitsunday, localizadas na Austrália, país da **Oceania**. Esse continente é formado por um conjunto de ilhas que preservam muitas belezas naturais. Fotografia de 2014.

bases de pesquisa: locais construídos para desenvolver pesquisas científicas. Vários países possuem bases na Antártida, entre eles o Brasil.

Michael Nolan/Robert Harding Heritage/AFP

Base de pesquisa dos Estados Unidos na Antártida, em 2014.

André Gilden/Alamy Stock Photo/Latinstock

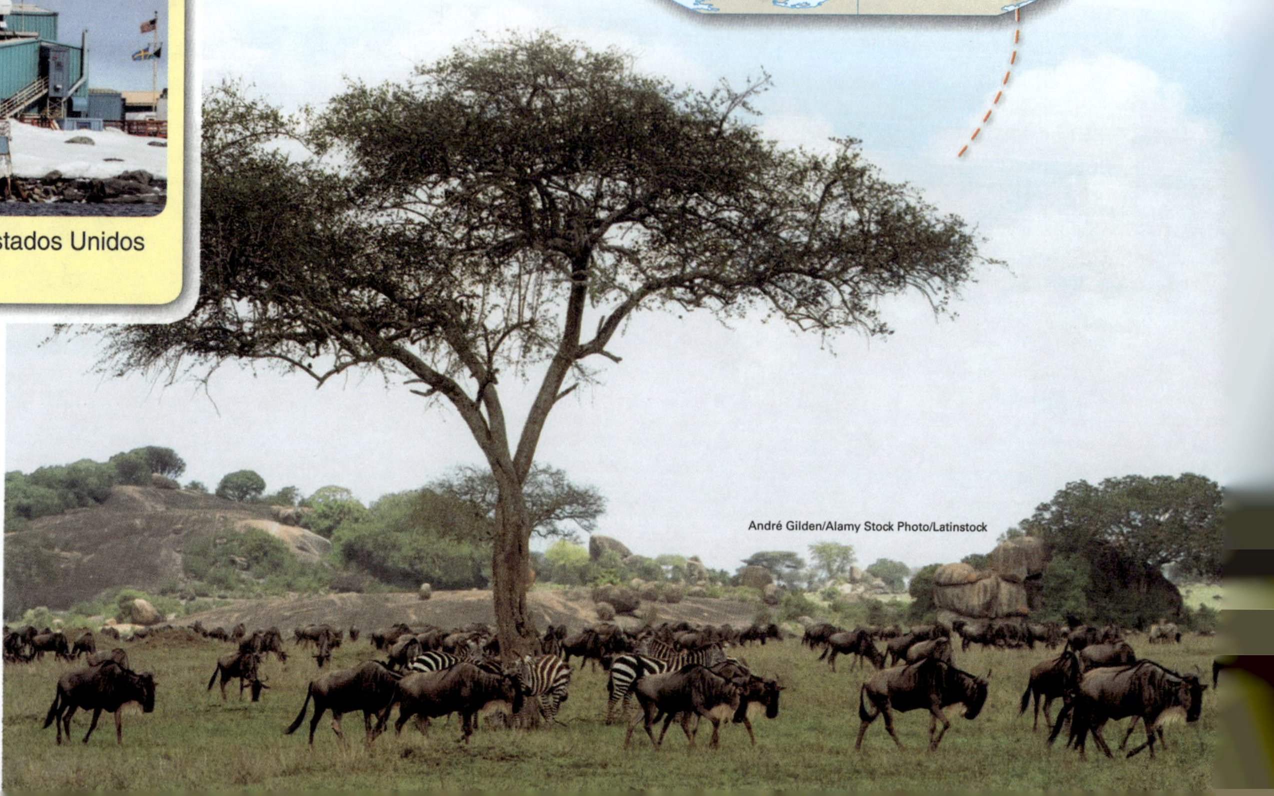

Esta fotografia é do norte da Tanzânia, país localizado na **África**. Lá vivem muitos animais, entre eles zebras e gnus, como é possível observar na imagem, de 2014.

Esta fotografia é do deserto de Gobi, localizado na Mongólia, no centro da **Ásia**. Alguns povos nômades habitam este deserto. Fotografia de 2014.

nômades: pessoas que não têm morada fixa; mudam constantemente.

    É importante destacar que o mesmo continente apresenta paisagens muito diferentes. Muitos fatores são responsáveis por essas diferenças, entre eles a localização geográfica. Ela influencia o clima, o tipo de vegetação e as formas de ocupação humana, por exemplo.

ATIVIDADES

1 O que é paisagem?

_____

_____

_____

2 Das paisagens apresentadas, qual chamou mais a sua atenção? Por quê?

_____

_____

3 Pesquise em jornais, revistas e na internet imagens de paisagens de cada continente diferentes das que você observou. Depois, junte-se em grupo e monte cartazes com as imagens, agrupando por continente. Lembre-se de elaborar legendas para cada imagem, indicando local e se possível a data. Organize uma exposição com os colegas e o professor.

17

AS PAISAGENS SE TRANSFORMAM

As paisagens dos lugares estão em constante transformação. Essas mudanças acontecem tanto pela **ação da natureza** (vento, chuva, terremoto, furacão, tempestade, etc.), quanto pela **ação do ser humano** (desmatamento, construção de cidades, de estradas, etc.).

Não conseguimos observar muitas mudanças provocadas pela natureza porque elas ocorrem lentamente, ao longo de milhões de anos. Mas algumas podem acontecer rapidamente, como um terremoto.

Já as alterações feitas pelo ser humano são geralmente mais rápidas e podem ser observadas. Em alguns meses ou anos uma grande área pode ser desmatada e muitos prédios podem ser construídos, por exemplo. Observe as imagens a seguir. Que alterações na paisagem você identifica nelas?

Vista aérea das praias de Ipanema e de Copacabana, no Rio de Janeiro (RJ), em 1930 na fotografia 1 e em 2013 na fotografia 2.

Os prejuízos ao meio ambiente

As modificações realizadas pelo ser humano nas paisagens têm provocado grandes prejuízos ao meio ambiente, entre eles a poluição do ar. Em muitas cidades do mundo a poluição do ar atingiu índices preocupantes, prejudiciais à saúde da população. A queima da gasolina, principal combustível utilizado nos automóveis, é uma das responsáveis por esse tipo de poluição porque produz resíduos que são lançados pelos escapamentos.

Algumas atividades do campo também são responsáveis pela poluição do ar. Para cultivar a terra e criar gado, por exemplo, grandes áreas de floresta são desmatadas no Brasil por meio de queimadas, que lançam na atmosfera grande quantidade de poluentes.

Muitos cientistas apontam a poluição atmosférica como a principal causa do aumento do efeito estufa no planeta, responsável pelo aquecimento global. Líderes de alguns países do mundo têm se encontrado para discutir ações para frear o aumento dos lançamentos de gases do efeito estufa. A reunião mais recente aconteceu em Paris, na França, em dezembro de 2015.

meio ambiente: conjunto dos seres vivos e dos elementos não vivos (água e ar, por exemplo) da Terra.

efeito estufa: fenômeno natural da Terra, que mantém aquecido o ar próximo da superfície.

aquecimento global: aumento da temperatura média do ar e dos oceanos percebido ao longo dos anos.

Imaginechina/AP Images/Glow Images

Em muitas cidades da China as pessoas utilizam máscaras para se proteger da poluição do ar. Na fotografia, crianças em Jinan, em 2015.

ATIVIDADES

■ Leia a notícia.

> Em 25 de abril, pouco depois do meio-dia, a terra tremeu no Nepal. Um terremoto devastou amplas zonas do Vale de Katmandu e arredores. Regiões pobres com construções tradicionais foram devastadas e cidades viram séculos de patrimônio histórico se transformarem em uma massa de escombros em questão de segundos.
>
> Trecho de reportagem extraído de **Notícias Terra**. Disponível em:<http://noticias.terra.com.br>. Acesso em: 28 dez. 2015.

a) Qual é o assunto da notícia?

_____

b) Ela trata de transformações causadas pela ação da natureza ou do ser humano?

_____

ATIVIDADES DO CAPÍTULO

1. Pinte cada continente com uma cor diferente. Depois complete a legenda do mapa.

Continentes e oceanos

Adaptado de: IBGE. **Atlas geográfico escolar**. 6. ed. Rio de Janeiro, 2012. p. 34.

2. Como são chamados os oceanos que cobrem a superfície da Terra?

   _____

   _____

3. A Ásia é banhada por quais oceanos?

   _____

   _____

4. Que continente não possui habitantes?

   _____

5. Observe a fotografia e depois responda às questões.

Praia da Barra da Tijuca, no Rio de Janeiro (RJ), em 2013.

a) O que você observa nessa paisagem?

_____

_____

_____

b) A cidade da imagem está no litoral? Por quê?

_____

c) Quais elementos são naturais e quais são construídos pelo ser humano?

_____

_____

d) Em sua opinião, que problemas ambientais essa cidade pode apresentar? Converse com os colegas e o professor.

CAPÍTULO 2
COMO REPRESENTAR A TERRA

O PLANISFÉRIO E O GLOBO TERRESTRE

Você já deve ter percebido que há diferentes formas de representar a superfície da Terra, certo?

Como você já viu na página 12, uma das formas é por meio de um mapa, o planisfério. Nele é possível representar em um plano toda a superfície do planeta. Assim, podemos ver todos os continentes e oceanos de uma só vez. Outra forma de representar a superfície do nosso planeta é por meio de um globo terrestre.

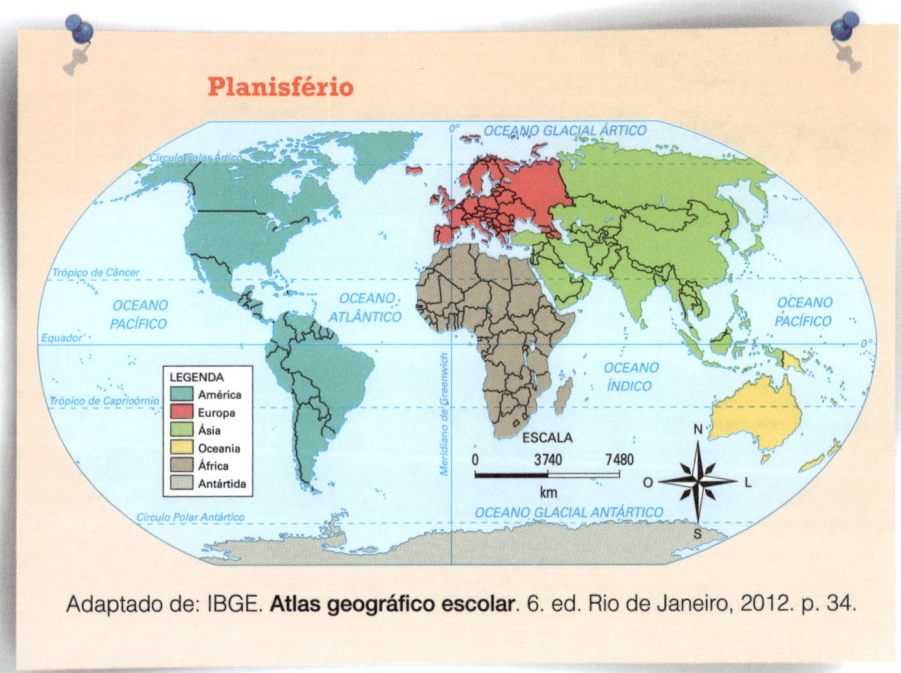

Planisfério

Adaptado de: IBGE. **Atlas geográfico escolar**. 6. ed. Rio de Janeiro, 2012. p. 34.

Globo terrestre

O globo terrestre é uma representação reduzida, que mais se aproxima da forma real da Terra. Mas no globo não é possível ver todos os continentes e oceanos de uma só vez.

esfera: corpo sólido redondo; bola.

O globo terrestre é uma representação aproximada do planeta Terra. Na verdade, ele não é uma esfera perfeita, pois apresenta muitas irregularidades na superfície (áreas mais altas e áreas mais baixas). Além disso, a Terra é ligeiramente achatada nos polos norte e sul.

Os mapas na História

Há milhares de anos, os mapas já eram desenhados em paredes de cavernas, em argila, madeira e peles de animais para registrar as terras conhecidas e caminhos descobertos.

Com o desenvolvimento das ciências e de tecnologias para a medição da Terra, os mapas começaram a representar mais fielmente a superfície conhecida do planeta.

A partir das Grandes Navegações, iniciadas pelos portugueses (século 16), o desenvolvimento da Cartografia ganhou novo fôlego. Ela era um meio de garantir a segurança dos viajantes e de representar as novas descobertas. Novas tecnologias, como a bússola, permitiram grandes avanços.

No século passado, com o aperfeiçoamento da aviação e o desenvolvimento da informática, a produção de mapas deu um grande salto. Atualmente os mapas são produzidos a partir de fotos aéreas e imagens de satélites e são cada vez mais utilizados eletronicamente, descartando a necessidade do papel.

Texto elaborado com informações de: IBGE. **Atlas escolar**. Disponível em: <http://atlasescolar.ibge.gov.br>. Acesso em: 28 dez. 2015.

Veja nas páginas 4 e 5 do **Miniatlas** uma imagem do planeta Terra produzida por meio de junção de imagens de satélite.

Representação do Mapa-múndi de Anaximandro de Mileto, do século 6 a.C.

Cartografia: ciência que trata do estudo e da elaboração de mapas.

bússola: instrumento de orientação.

século: período de cem anos.

imagens de satélites: imagens produzidas por um aparelho instalado em um equipamento (satélite) lançado no espaço.

A palavra **mapa** vem do latim (*mappa*) e significa 'toalhinha', 'guardanapo' ou 'toalha de mesa'. Acredita-se que, há muitos séculos, os navegadores e comerciantes, ao discutir rotas e destinos de viagens, rabiscavam tudo sobre as toalhas da mesa. A partir daí, a palavra mapa passou a ser utilizada para denominar uma representação plana.

ATIVIDADES

■ Quais são as diferenças entre representar a superfície da Terra por meio de um planisfério e por meio de um globo terrestre?

_____

_____

23

AS LINHAS IMAGINÁRIAS DA TERRA

Além de representar a superfície terrestre, com os mapas e globos podemos localizar lugares. Você sabe como isso é possível?

Para responder a essa questão, observe as linhas traçadas nas imagens abaixo. Essas linhas são os **paralelos** e os **meridianos**. Elas não existem na realidade, por isso são chamadas linhas imaginárias.

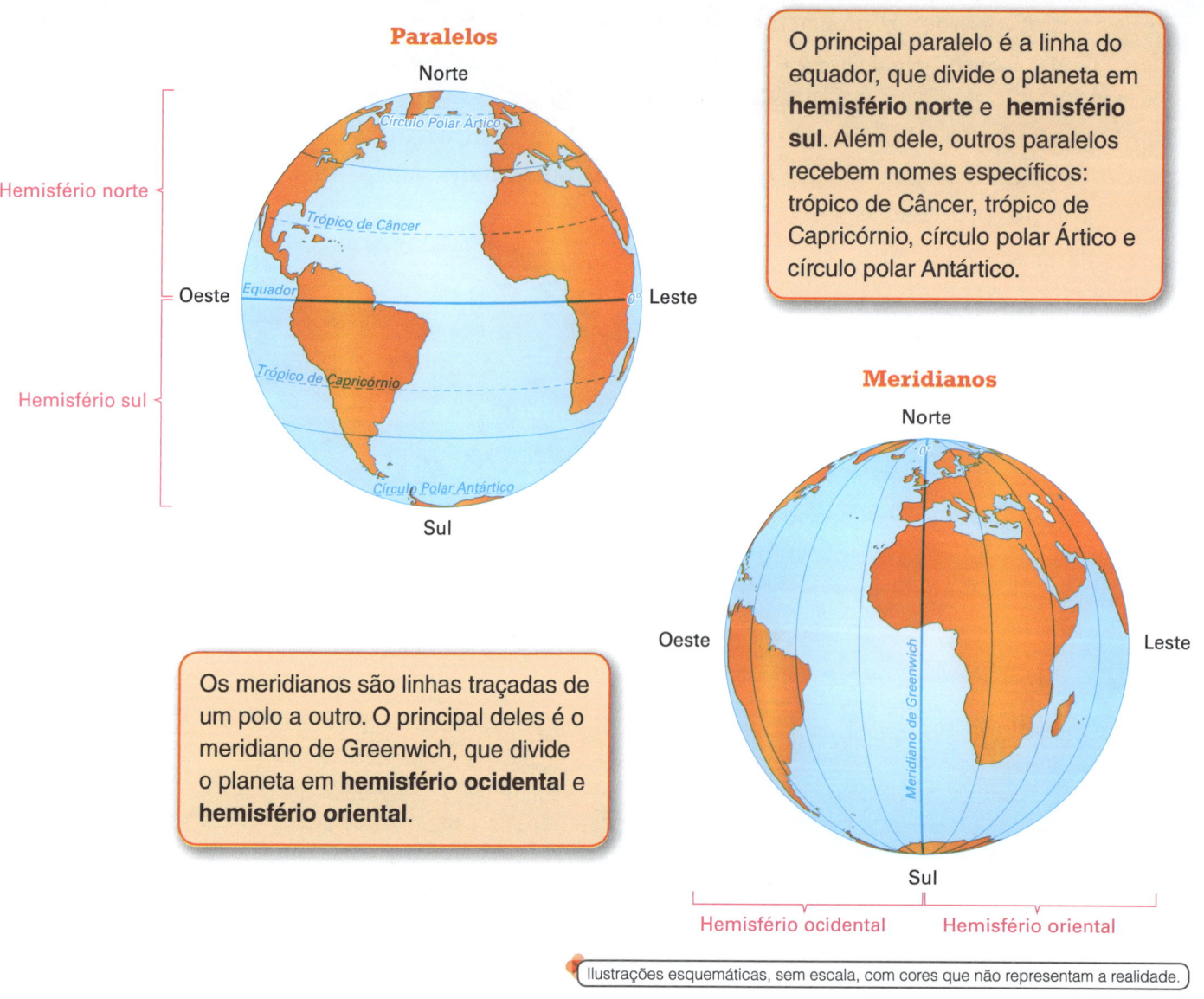

Paralelos

O principal paralelo é a linha do equador, que divide o planeta em **hemisfério norte** e **hemisfério sul**. Além dele, outros paralelos recebem nomes específicos: trópico de Câncer, trópico de Capricórnio, círculo polar Ártico e círculo polar Antártico.

Meridianos

Os meridianos são linhas traçadas de um polo a outro. O principal deles é o meridiano de Greenwich, que divide o planeta em **hemisfério ocidental** e **hemisfério oriental**.

Ilustrações esquemáticas, sem escala, com cores que não representam a realidade.

Ao serem traçados no mesmo globo (ou mapa), os paralelos e os meridianos se cruzam, formando pontos. Esses pontos permitem determinar a localização de um lugar, por exemplo. Nos globos acima foram traçados apenas alguns paralelos e meridianos. Imagine que em qualquer ponto da superfície terrestre existe um paralelo e um meridiano passando por ele.

Agora observe os principais paralelos e o meridiano de Greenwich no planisfério abaixo.

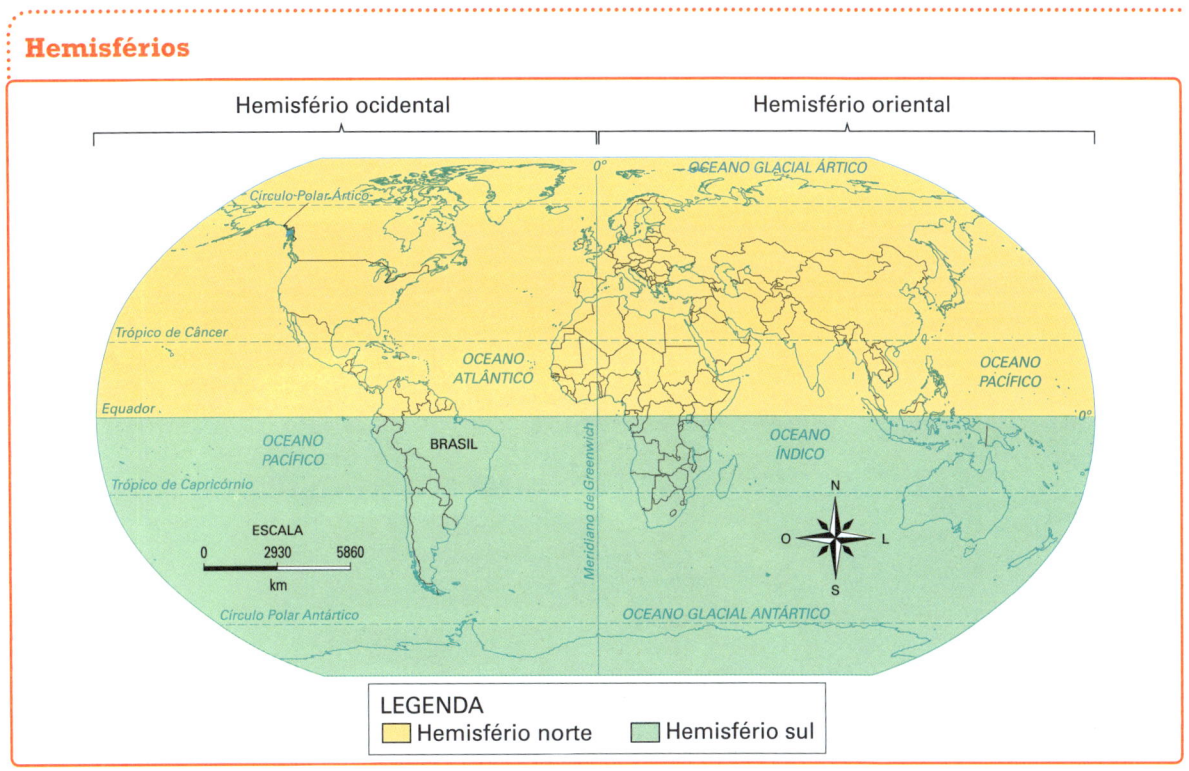

Adaptado de: IBGE. **Atlas geográfico escolar**. 6. ed. Rio de Janeiro, 2012. p. 34.

ATIVIDADES

1 A linha do equador passa por quais continentes?

_____

2 E o meridiano de Greenwich?

_____

3 Em qual oceano a linha do equador e o meridiano de Greenwich se cruzam?

_____

4 A maior parte do Brasil está localizada no hemisfério:

☐ norte.   ☐ sul.

5 O Brasil está localizado no hemisfério ocidental ou oriental?

_____

OS MOVIMENTOS DA TERRA

ROTAÇÃO

Você já percebeu que ao longo do dia vemos o Sol em diferentes lugares? Esse movimento é chamado de **movimento aparente do Sol**. Mas por que aparente? Observe a imagem.

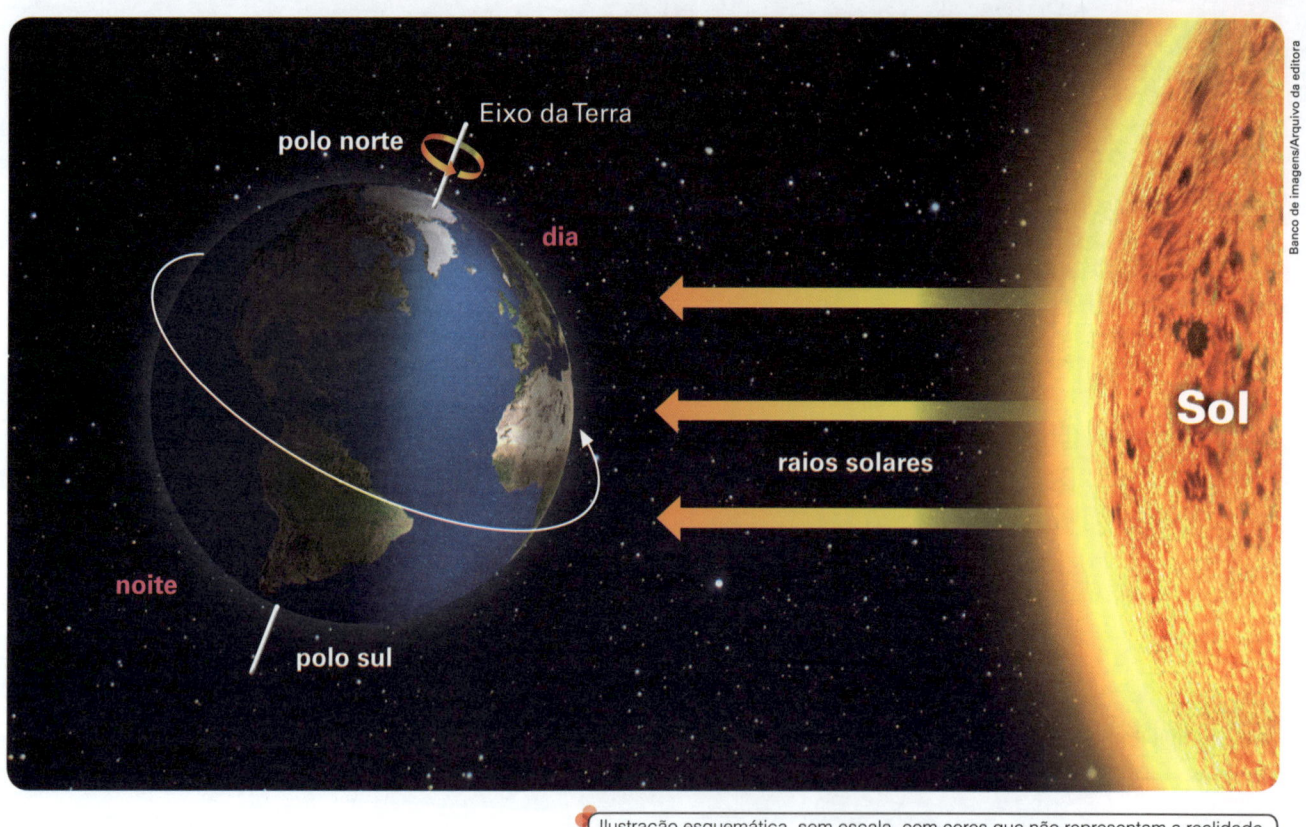

Ilustração esquemática, sem escala, com cores que não representam a realidade.

A imagem acima nos mostra que durante um período do dia uma parte da Terra recebe os raios solares e fica iluminada, enquanto a outra está na sombra. Imagine que, à medida que a Terra gira, a parte que estava na sombra vai recebendo os raios solares e se ilumina, e a parte que estava iluminada vai ficando na sombra. Por isso, em determinado momento é dia em algumas partes do planeta e noite em outras.

É a Terra que se move, e não o Sol. Esse movimento que a Terra realiza, girando em torno de si mesma, é chamado **rotação**. Os dias e as noites são consequências desse movimento.

> Para completar uma volta inteira em torno de si mesma, a Terra leva aproximadamente 24 horas.

No movimento de rotação, a Terra gira como se fosse um pião, mas em uma posição inclinada e mais lentamente. Observe a posição da Terra na imagem da página ao lado. Dizemos então que o eixo da Terra é inclinado.

eixo da Terra: linha reta imaginária que atravessa a Terra de polo a polo.

Por que não sentimos o movimento de rotação da Terra?

Porque estamos nos movendo junto com ela. Imagine viajar em um ônibus, sempre com a mesma velocidade, em uma estrada sem buracos. Se você não olhar pela janela não vai perceber o movimento.

ATIVIDADES

1 O que é o movimento de rotação da Terra? Como podemos percebê-lo?

_____

_____

2 Em sua opinião, o que aconteceria se a Terra não realizasse o movimento de rotação?

3 Por que dizemos que o movimento do Sol é aparente?

_____

_____

4 Leia a tirinha abaixo.

- O que o gato Garfield quis dizer? Converse com os colegas e o professor.

TRANSLAÇÃO

Além de girar em torno do próprio eixo, a Terra também gira em torno do Sol. Esse movimento é chamado **translação**.

Por causa do movimento de translação e do eixo inclinado da Terra, a luz solar atinge cada ponto do planeta com intensidades diferentes ao longo do ano. Isso determina a existência de estações do ano opostas em cada hemisfério: quando é verão no hemisfério sul, é inverno no hemisfério norte, e quando é verão no hemisfério norte, é inverno no hemisfério sul. O mesmo acontece com a primavera e o outono. Observe a ilustração.

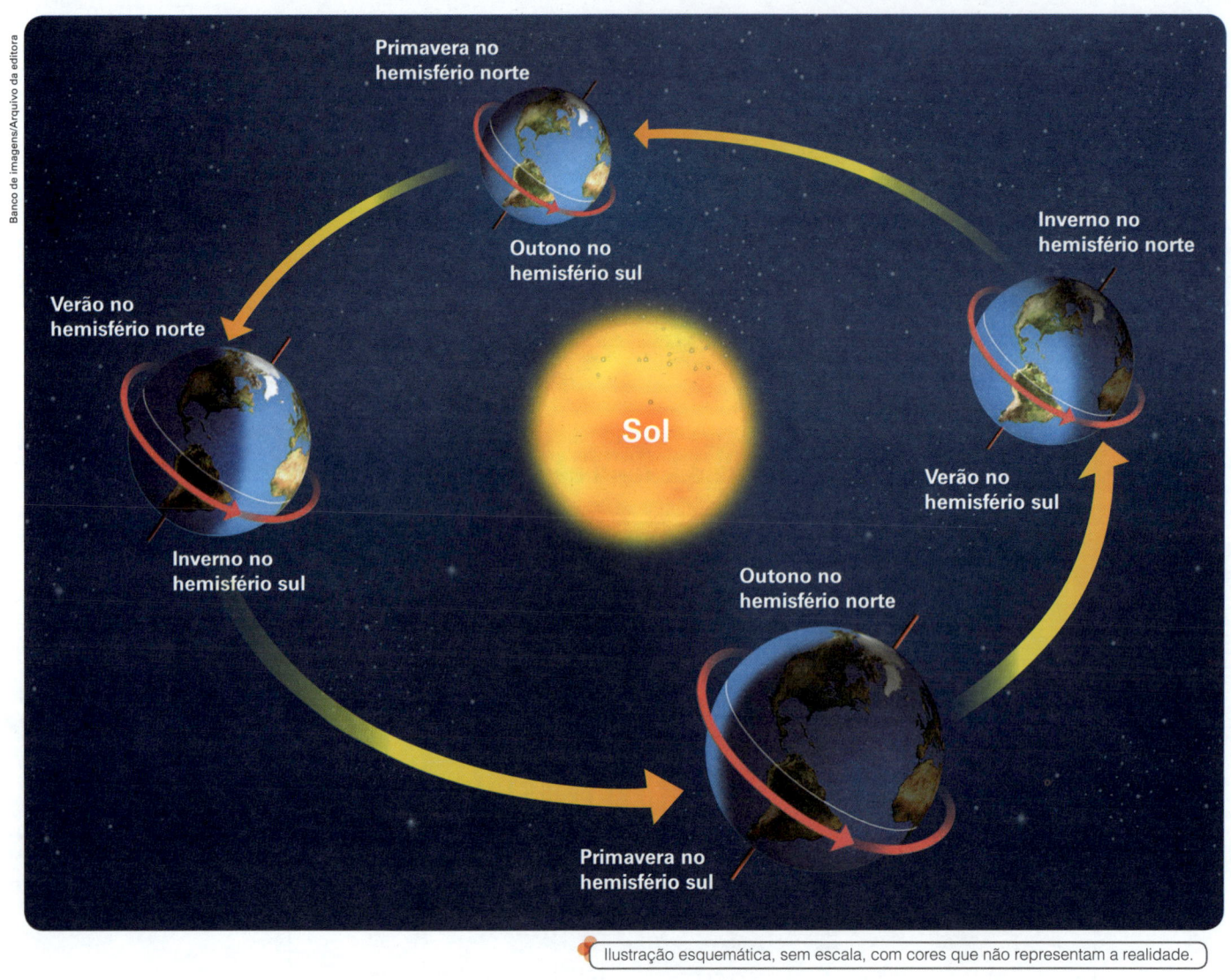

Ilustração esquemática, sem escala, com cores que não representam a realidade.

Para dar uma volta completa em torno do Sol a Terra demora aproximadamente 365 dias (um ano).

A Terra no Sistema Solar

A Terra é um dos oito planetas do Sistema Solar.

Assim como a Terra, todos os planetas giram em torno do Sol. O Sol exerce uma força de atração sobre eles, chamada força gravitacional. Mas o tempo que cada planeta demora para dar uma volta completa em torno do Sol é muito diferente. Quanto mais distante do Sol, mais demorado é o movimento de translação. Netuno, último planeta do Sistema Solar, demora aproximadamente 165 anos terrestres para fazer a volta completa.

Ilustração esquemática, sem escala, com cores que não representam a realidade.

ATIVIDADES

1 O que é o movimento de translação da Terra?

_____

_____

2 Qual é a principal consequência desse movimento?

_____

_____

3 A Terra é o único planeta do Sistema Solar que realiza esse movimento?

_____

ATIVIDADES DO CAPÍTULO

1. Leia as frases abaixo e assinale **V** para o que for verdadeiro e **F** para o que for falso.

   ☐ a) O globo terrestre é uma das maneiras utilizadas para representar a Terra em uma superfície plana.

   ☐ b) O meridiano de Greenwich divide a Terra em hemisfério ocidental (ou oeste) e hemisfério oriental (ou leste).

   ☐ c) As linhas que observamos traçadas nos mapas são linhas que existem na realidade.

   ☐ d) As linhas horizontais que contornam a Terra são chamadas de paralelos.

   ☐ e) A linha do equador é o paralelo principal.

   ☐ f) O planisfério é uma maneira de representar a Terra respeitando sua forma de esfera.

   ☐ g) O movimento que a Terra realiza em torno do próprio eixo é chamado de rotação.

   - Agora, reescreva as frases que você marcou com **F**, corrigindo-as.

   _____
   _____
   _____
   _____
   _____
   _____
   _____

2. Observe a localização dos pontos A, B e C no planisfério abaixo.

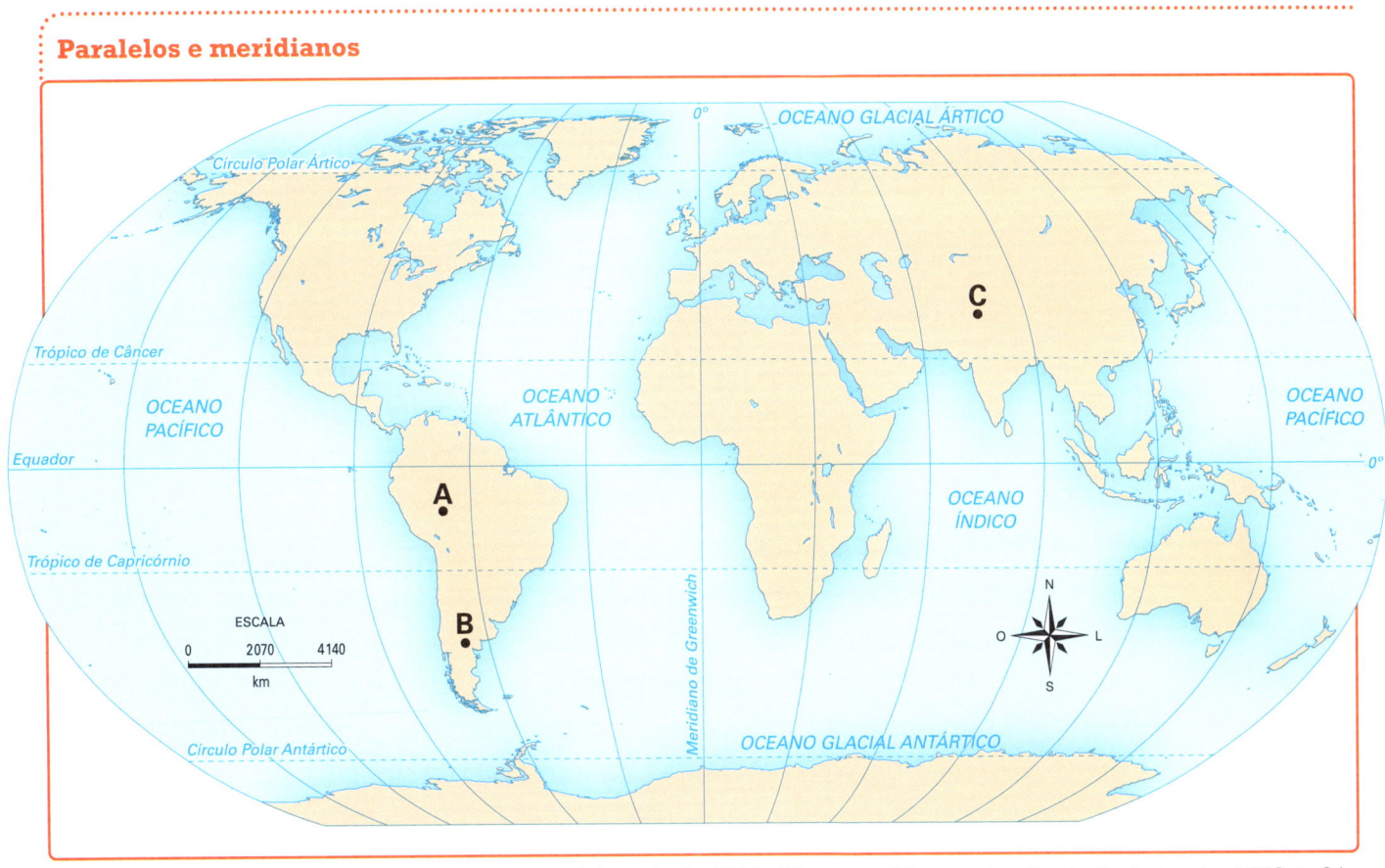

Adaptado de: IBGE. **Atlas geográfico escolar**. 6. ed. Rio de Janeiro, 2012. p. 34.

a) Em qual hemisfério está localizado o ponto A?

☐ Hemisfério sul ☐ Hemisfério norte

b) Em qual hemisfério está localizado o ponto B?

☐ Hemisfério oriental ☐ Hemisfério ocidental

c) Considerando a linha do equador e o meridiano de Greenwich, em quais hemisférios está localizado o ponto C?

_____

3. Como é chamado o movimento que a Terra leva cerca de 365 dias para completar?

_____

CAPÍTULO 3

A SUPERFÍCIE DA TERRA EM MAPAS E PLANTAS

OS SÍMBOLOS E AS CORES

Mapas e plantas podem representar uma parte ou toda a superfície terrestre em um plano. Para isso são utilizadas fotografias aéreas ou imagens de satélites.

Quando representamos um bairro ou as ruas de uma cidade, por exemplo, estamos representando parte da superfície por meio de uma **planta**. Quando representamos uma área maior, como um estado, país ou toda a superfície terrestre representamos por meio de um **mapa**.

Em um mapa ou em uma planta, **símbolos** e **cores** são utilizados para facilitar a compreensão dos elementos que estão sendo representados; assim, podem variar de acordo com a finalidade de cada representação. Mas alguns símbolos e cores obedecem a certas convenções, para facilitar a comunicação. Oceanos e rios, por exemplo, são representados em azul; a vegetação em verde; construções em vermelho. Observe um exemplo na planta abaixo.

convenções: acordos.

Planta do município de Patos, no estado da Paraíba

LEGENDA
- Vegetação
- Construções

ESCALA
0 — 70 — 140 m

Essa planta foi feita com base em uma fotografia aérea como a imagem ao lado.

Fotografia aérea de parte do município de Patos (Paraíba). A fotografia aérea fornece uma visão vertical (de cima para baixo) da superfície terrestre.

Para que todos compreendam o que representam as cores e os símbolos de um mapa ou de uma planta, eles são apresentados na legenda.

Observe a legenda do mapa abaixo.

Continentes e oceanos

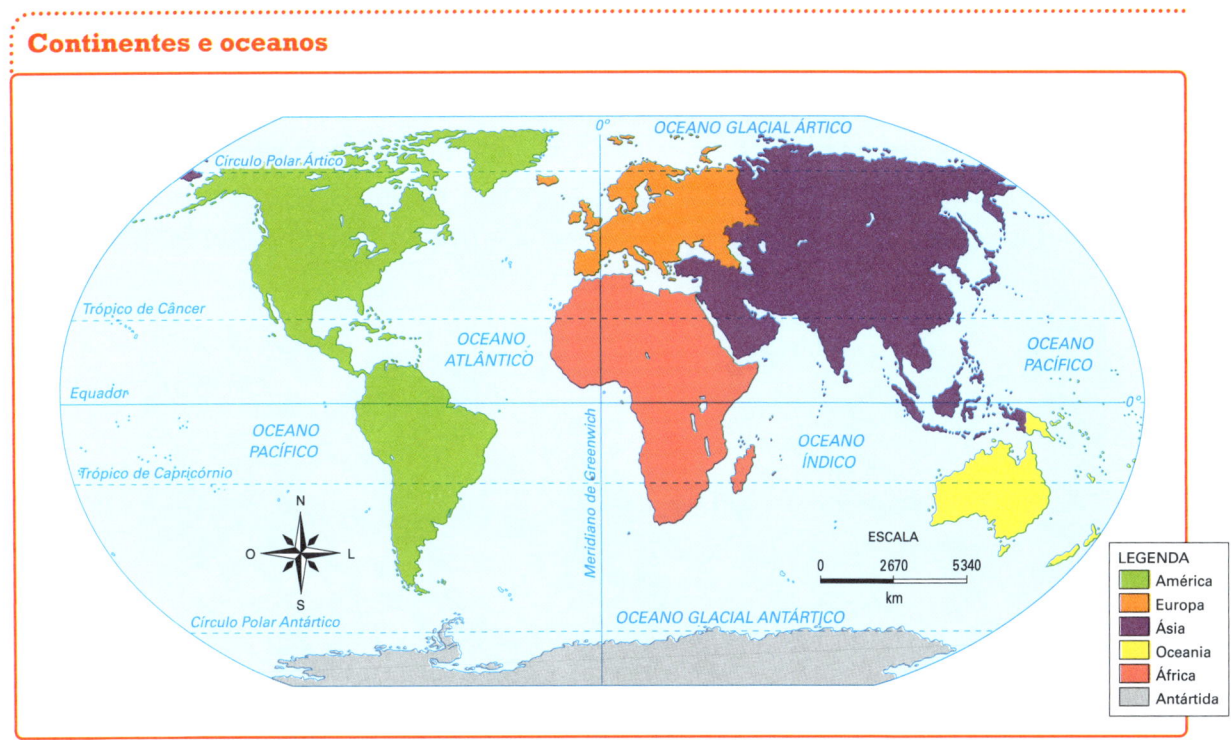

Adaptado de: IBGE. **Atlas geográfico escolar**. 6. ed. Rio de Janeiro, 2012. p. 34.

ATIVIDADES

1 Que símbolos estão identificados na legenda da planta da página ao lado?
_____

2 O que representam as cores identificadas na legenda do mapa acima?
_____

3 Qual é a diferença entre mapa e planta?
_____
_____
_____
_____
_____

A ESCALA

Como é possível representar parte da superfície da Terra ou toda a superfície dela em um mapa ou planta?

Para isso é necessário reduzir a área real. E para que essa redução seja precisa, é necessário manter a proporção entre a área representada e o tamanho real dessa área. Para garantir essa proporção, os mapas e as plantas devem ser elaborados com base em uma **escala**. Ela indica quantas vezes a área real foi reduzida. Observe as plantas abaixo, do bairro em que Raul mora e estuda. Elas foram representadas em escalas diferentes.

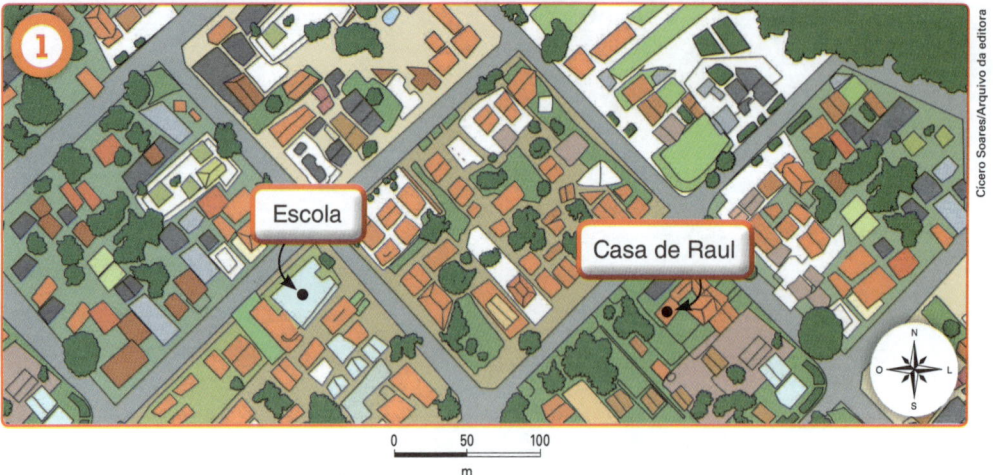

Essa escala indica que cada 1 centímetro na planta corresponde a 50 metros na realidade (ou 5 000 cm).

Essa escala indica que cada 1 centímetro na planta corresponde a 25 metros na realidade (ou 2 500 cm).

A escala apresentada nas plantas da página ao lado é chamada **escala gráfica**. Nela o centímetro está representado na barra (cada pedaço mede 1 centímetro), como em uma régua.

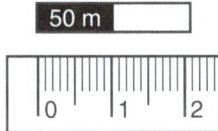 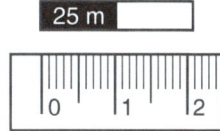

Os mapas podem apresentar também a **escala numérica**. Nas plantas da página ao lado as escalas numéricas seriam: 1:5000 (lê-se um para cinco mil) e 1:2500 (lê-se um para dois mil e quinhentos).

Quando a proporção entre a realidade e o que é representado em um mapa ou uma planta é mantida podemos obter uma série de informações. Neste caso podemos descobrir, por exemplo, a distância real entre a casa de Raul e a escola.

ATIVIDADES

1 Com o auxílio de uma régua, meça nas plantas 1 e 2 a distância entre a casa de Raul e a escola. Quais são essas distâncias nas plantas?

_____

2 Por que as distâncias são diferentes em cada planta?

_____

3 Observe o mapa e depois faça o que se pede.

a) Complete:

A escala deste mapa indica que cada 1 centímetro corresponde a _____ quilômetros na realidade.

b) Qual é a distância no mapa entre Miranda e Campo Grande?

_____

c) Qual é a distância real entre Miranda e Campo Grande?

_____

Adaptado de: IBGE. **Atlas geográfico escolar**. 6. ed. Rio de Janeiro, 2012. p. 178.

O SOL E A ROSA DOS VENTOS

Você pode chegar a um lugar desconhecido se orientando por um mapa ou até mesmo utilizando um GPS (*Global Positioning System*), moderno sistema de localização presente hoje em carros e celulares. Mas e se você não tiver nenhum desses recursos? Imagine como os viajantes se orientavam muito tempo atrás!

Antes dos modernos recursos, os seres humanos se orientavam utilizando pontos de referência, como uma montanha, uma ponte, um rio, a Lua e o Sol. Observando o céu, eles perceberam que o Sol fazia praticamente a mesma trajetória todos dos dias.

A partir dessa trajetória do Sol, que sabemos que é aparente, foram definidos os pontos cardeais leste (L) e oeste (O), e depois os pontos norte (N) e sul (S). Observe a ilustração.

Os pontos cardeais são representados na rosa dos ventos, que você já viu nos mapas, certo? Mas, para obter uma orientação mais precisa, além dos pontos cardeais, são estabelecidos os pontos colaterais. Observe esses pontos na rosa dos ventos abaixo.

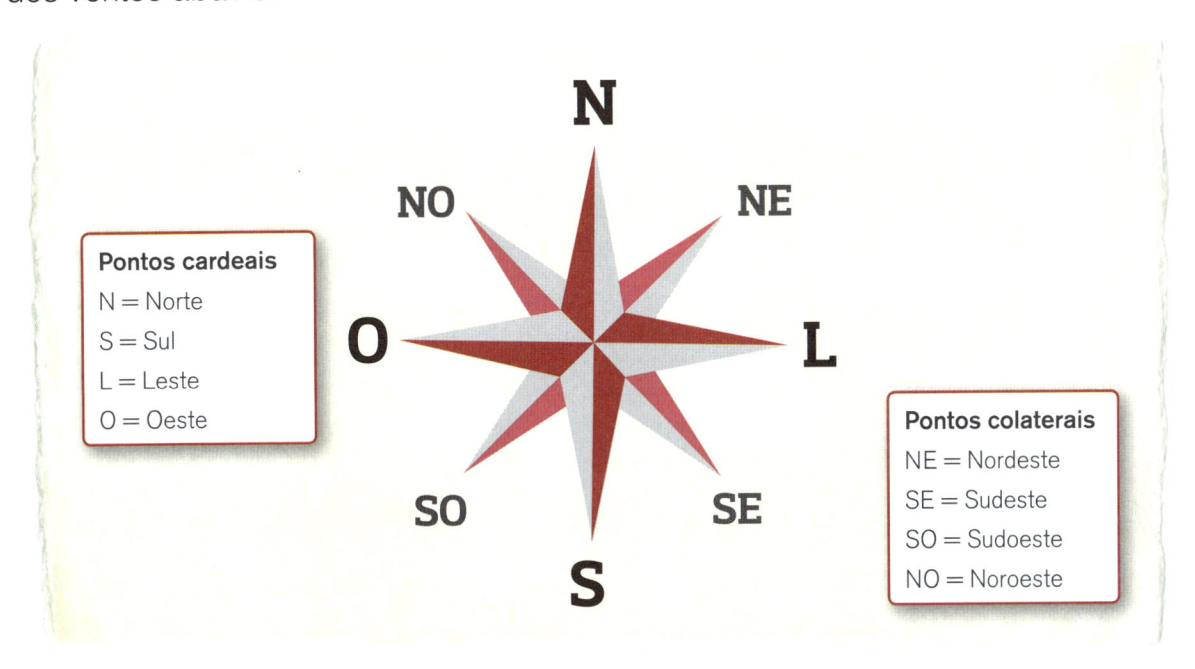

Pontos cardeais
N = Norte
S = Sul
L = Leste
O = Oeste

Pontos colaterais
NE = Nordeste
SE = Sudeste
SO = Sudoeste
NO = Noroeste

Você poderá encontrar em algumas rosas dos ventos a letra E no lugar do L e a letra W no lugar do O. Isso acontece porque, em inglês, Leste é *East* e Oeste é *West*.

ATIVIDADES

1 Com base na ilustração da página ao lado, o que o menino observa ao norte?

_____

2 Complete as frases a respeito dos pontos colaterais.

a) O _____ fica entre o norte e o oeste.

b) O sudeste fica entre o _____ e o _____ .

3 Combine com o professor e os colegas uma ida até o pátio da escola ou em outro local onde seja possível observar o Sol. A atividade precisa ser feita em um dia ensolarado pela manhã ou no final do dia. Posicione-se como o menino da ilustração da página ao lado e descubra o que está a leste, a oeste, a norte e a sul. Anote suas descobertas no caderno.

ATIVIDADES DO CAPÍTULO

1. Com o auxílio do professor, meça a sala de aula utilizando uma fita métrica. Anote as medidas abaixo.

   Medidas da sala de aula:

   _____   _____

   _____   _____

   Agora construa a planta da sala de aula, em uma folha à parte. Utilize a escala indicada a seguir.

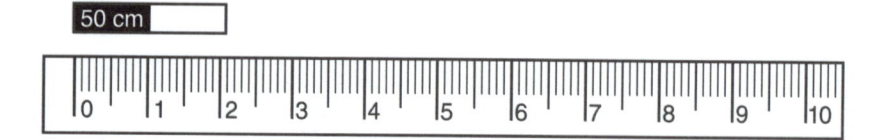

   50 cm

2. Leia a tirinha abaixo, com os personagens Snoopy (o cachorro) e Woodstock (o pássaro).

   Agora, responda:

   a) Que mapa Woodstock desenhou para localizar seu ninho? Justifique sua resposta.

   _____

   _____

   b) Em sua opinião, qual seria a representação mais adequada para localizar o ninho de Woodstock? Por quê?

   _____

   _____

3. Observe no mapa abaixo os quatro elementos identificados com as letras A, B, C e D. Depois, explique a função de cada um deles, utilizando os quadros a seguir.

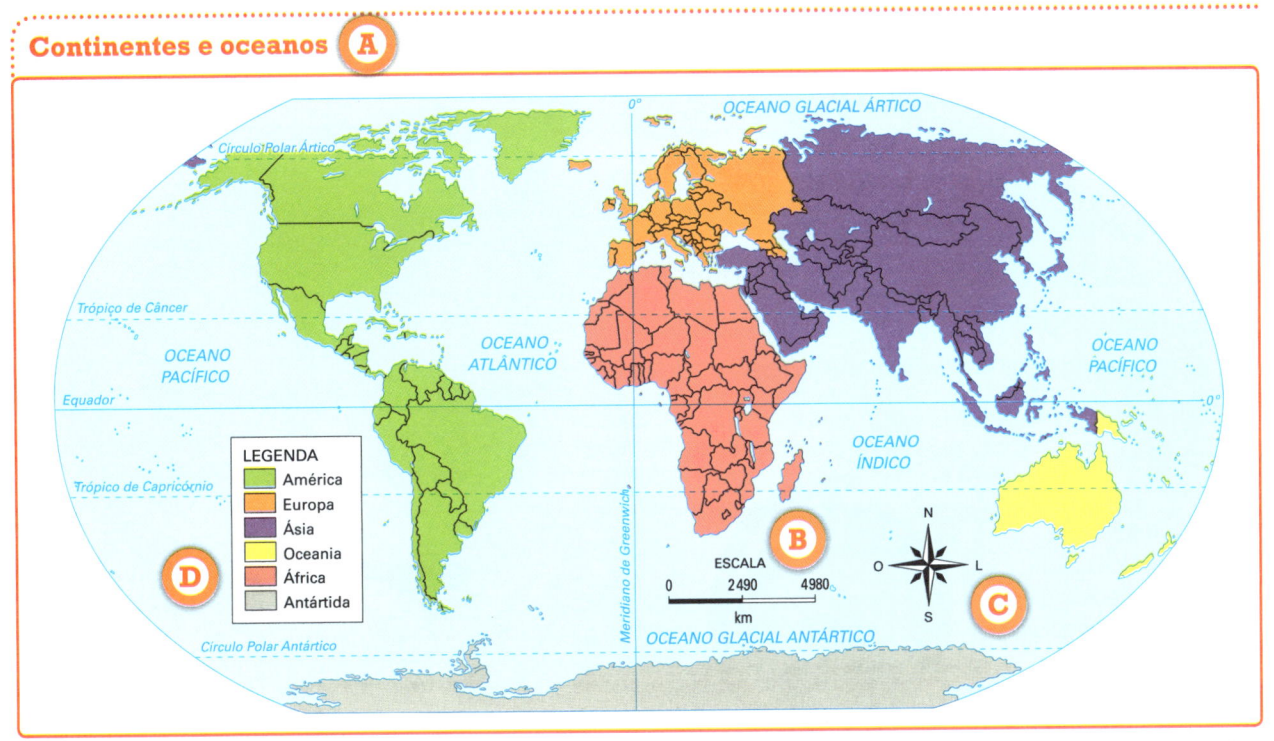

Continentes e oceanos (A)

LEGENDA
- América
- Europa
- Ásia
- Oceania
- África
- Antártida

Adaptado de: IBGE. **Atlas geográfico escolar**. 6. ed. Rio de Janeiro, 2012. p. 34.

A
_____
_____
_____

C
_____
_____
_____

B
_____
_____
_____

D
_____
_____
_____

Observe que existe uma informação no mapa que não foi destacada acima.
É a **fonte**. Ela indica de onde foram retiradas as informações representadas no mapa.

ENTENDER O ESPAÇO GEOGRÁFICO

COMO REPRESENTAR O GLOBO TERRESTRE EM UMA SUPERFÍCIE PLANA?

Você já sabe que a forma da Terra é esférica e que nos mapas ela é representada sobre uma superfície plana. Fazer essa representação não é uma tarefa fácil, mas veja como é possível, realizando a atividade a seguir.

MATERIAL
- 1 globo terrestre
- 1 laranja
- 1 caneta esferográfica
- 1 faca de mesa

1 Pegue uma laranja e, observando o globo terrestre, desenhe sobre ela o contorno dos continentes.

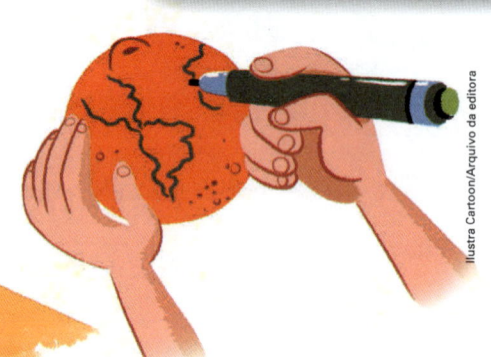

2 Peça a um adulto que corte a laranja na vertical, em duas metades.

3 Retire com cuidado os gomos da laranja.

4 Pegue as duas metades da casca e apoie sobre uma superfície plana. Pressione a casca para que todas as partes encostem na superfície.

1. O que aconteceu com a casca da laranja? Converse com os colegas e o professor.

Como você viu, a superfície curva da laranja não pode ser perfeitamente transformada em uma superfície plana. Da mesma forma, o globo terrestre não pode ser perfeitamente transformado em um planisfério.

Se dividirmos a superfície da Terra em vários gomos, podemos esticá-la sobre uma superfície plana. Veja o resultado.

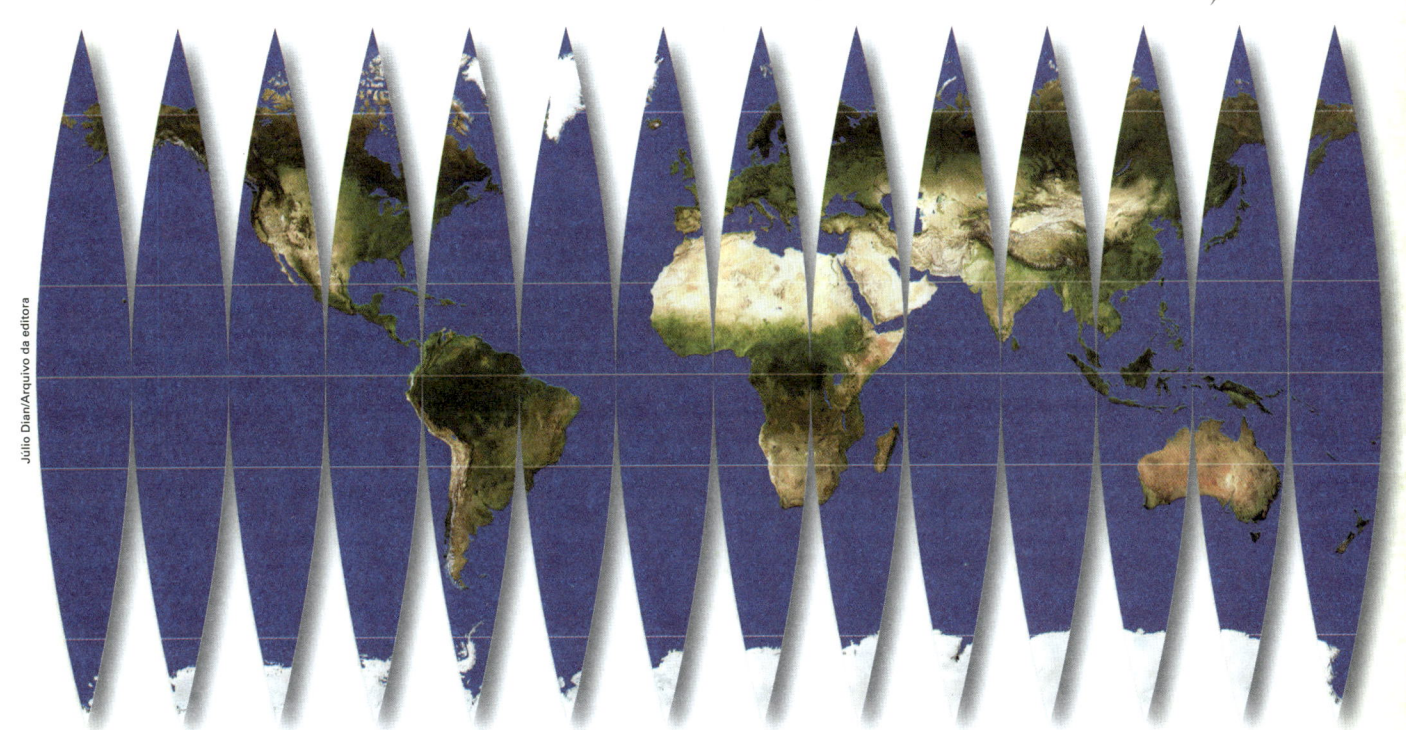

Observe que ficam espaços vazios entre os gomos. Os cartógrafos, por meio de cálculos matemáticos, preenchem os espaços vazios, esticando os continentes e oceanos. Esses ajustes acabam mudando a forma ou o tamanho das áreas, provocando deformações. Mas somente dessa maneira é possível representar o globo em um plano.

cartógrafos: profissionais que trabalham na elaboração de mapas.

2. Que representação da superfície da Terra apresenta menos deformações: o globo ou o planisfério?

_____

_____

41

LER E ENTENDER

Imagine que você e seus familiares vão fazer uma viagem de férias para Aracaju, cidade que vocês não conhecem. Em sua opinião, o que vocês deveriam levar para conseguir se orientar? E para saber onde estão as principais atrações?

Observe a **planta turística** abaixo. Será que uma representação como esta seria útil para vocês nessa viagem?

ANALISE

1. O que você observa na planta acima?
   _____
   _____
   _____

2. Aracaju está no litoral? Como você pode descobrir isso observando a planta?
   _____

3. Observe a rosa dos ventos dessa planta. O que ela tem de diferente das que você viu até agora?

_____
_____
_____

4. Em relação ao Teatro Tobias Barreto, o aeroporto de Aracaju está em que direção?

☐ Norte   ☐ Sul   ☐ Leste   ☐ Oeste

5. E o *shopping* Jardins?

☐ Norte   ☐ Sul   ☐ Leste   ☐ Oeste

6. Que informações da planta seriam importantes para você e sua família se orientarem durante o passeio?

_____
_____

RELACIONE

7. Qual é a principal diferença entre a representação da página ao lado e um planisfério?

_____
_____
_____

8. Um planisfério seria útil para vocês nessa viagem? Por quê?

_____
_____

O QUE APRENDI?

Agora é hora de retomar as discussões realizadas nesta Unidade. Vamos lá!

Anton Balazh/Shutterstock

1. O que representa a imagem da abertura da Unidade, reproduzida acima?
   _____

2. Que outra forma de representar a superfície terrestre você viu nesta Unidade?
   _____

3. Se você quisesse mostrar a localização do Brasil e do Japão ao mesmo tempo, que representação escolheria?
   _____
   _____

4. Observe a ilustração abaixo e nomeie as partes indicadas.

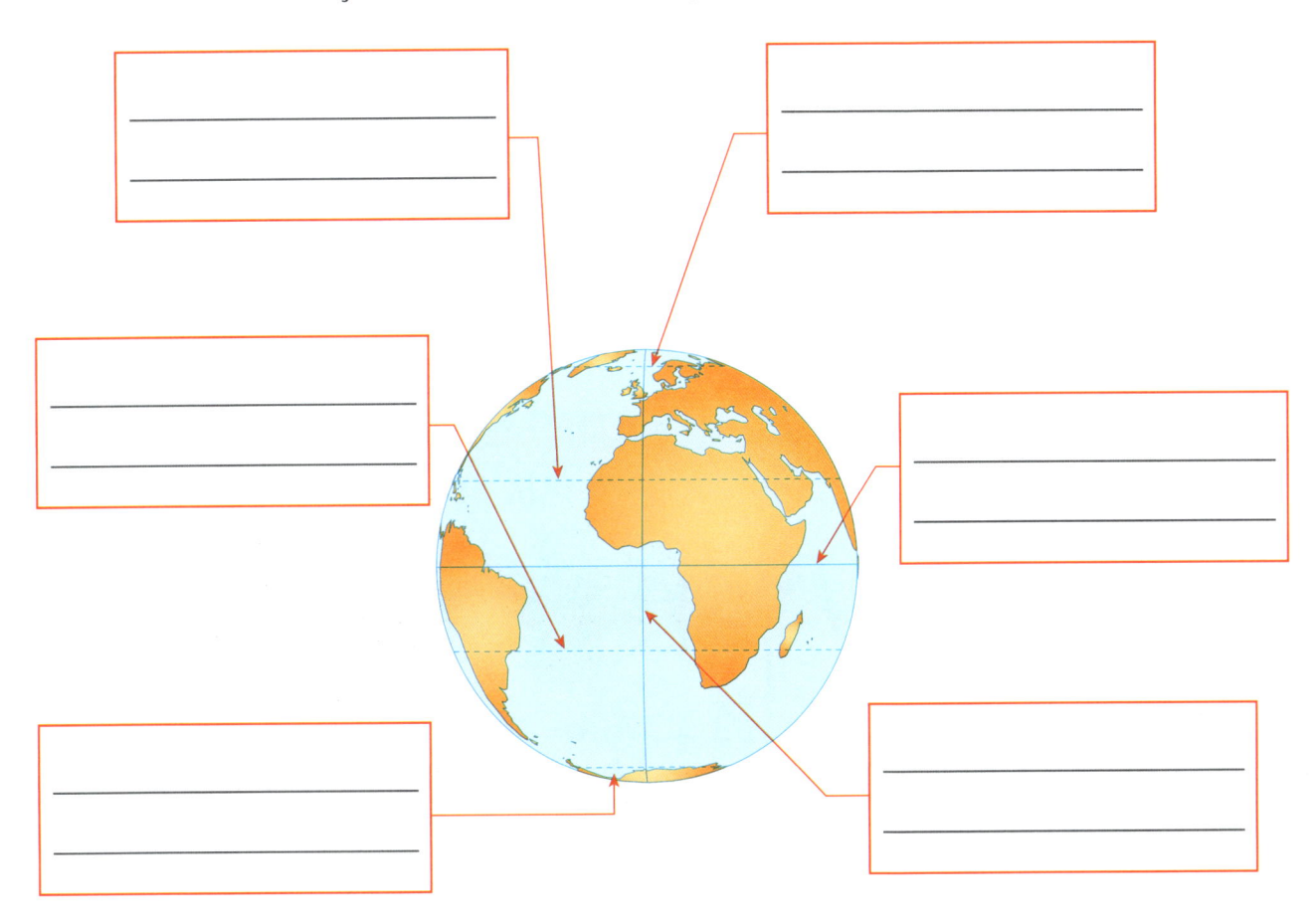

5. Preencha o quadro abaixo.

	O que é?	**Duração**
Translação		
Rotação		

UNIDADE 2
O BRASIL E O CONTINENTE AMERICANO

- Você já viu um mapa como este?
- Você acha que ele representa um lugar no presente ou no passado?
- Que lugar você acha que ele representa?

Este mapa chama-se *Terra Brasilis*. Ele foi feito por Lopo Homem, Pedro Reinel e Jorge Reinel, em 1519.

CAPÍTULO 4

A AMÉRICA

A LOCALIZAÇÃO DO CONTINENTE

O continente americano está localizado totalmente no hemisfério ocidental e apresenta grande extensão no sentido norte-sul. Com base na distribuição e localização desse continente, ele é dividido em três partes. Observe o mapa abaixo.

As Américas

LEGENDA
- América do Norte
- América Central
- América do Sul

Veja no **Miniatlas** os mapas detalhados do continente americano.

Adaptado de: IBGE. **Atlas geográfico escolar**. 6. ed. Rio de Janeiro, 2012. p. 34.

48

AMÉRICA DO NORTE

A América do Norte é a parte do continente americano que possui a maior extensão territorial, mas é composta de apenas três países: Canadá, Estados Unidos e México. Ela é formada também por ilhas que pertencem a outros países, entre elas a Groenlândia, pertencente à Dinamarca. Conheça um pouco desses países nas imagens.

Nos Estados Unidos – país de grande influência mundial – está uma das cidades mais cosmopolitas do mundo, Nova York.

O Canadá se localiza no extremo norte do continente. Parte dele é cortada pelo círculo polar Ártico, onde faz muito frio o ano todo.

Cidade de Nova York (Estados Unidos), em 2015.

Cidade de Calgary (Canadá), em 2014.

cosmopolitas: cidades ou indivíduos que sofrem influência de outras culturas que não as suas de origem.

No México ainda encontram-se preservadas algumas construções muito antigas, registro do povo que vivia nessa região antes da chegada do colonizador europeu.

Teotihuacán, antiga cidade do atual México, em fotografia de 2014.

ATIVIDADES

- Observe novamente o mapa da página ao lado e responda:

    a) Que oceanos banham o continente americano?

    _____

    b) Quais são os paralelos principais que passam por esse continente?

    _____

AMÉRICA CENTRAL

insular: que pertence a uma ilha.

A América Central localiza-se entre a América do Norte e a América do Sul. Apesar de possuir pequena extensão territorial, é composta de vinte países. É formada por uma parte continental e uma parte insular. Algumas ilhas pertencem a outros países. Observe o mapa a seguir.

América Central

Adaptado de: IBGE. **Atlas geográfico escolar**. 6. ed. Rio de Janeiro, 2012. p. 39.

O conjunto das ilhas maiores é chamado Grandes Antilhas e o conjunto das ilhas menores é chamado Pequenas Antilhas.

Como a América Central é formada por um grande conjunto de ilhas localizadas numa área quente do planeta (entre o trópico de Câncer e a linha do equador), em alguns de seus países a atividade econômica do turismo é muito importante. Além do turismo, a agricultura predomina em vários deles. Veja as imagens.

Cidade de Havana (Cuba), em 2014.

Hotéis em Nassau (Bahamas), em 2014.

Plantação de banana na Nicarágua, em 2014. Além da banana são cultivados também café, cana-de-açúcar, tabaco, cacau e algodão em diversos países da América Central.

ATIVIDADES

1 Cite três países continentais e três países insulares da América Central.

_____

_____

_____

2 Organizem-se em grupos e façam uma pesquisa em livros, revistas e na internet sobre as principais atividades econômicas dos países da América Central. Depois produzam um cartaz com as principais informações pesquisadas. Utilizem fotografias ou desenhos para ilustrar o trabalho. Lembrem-se de compor legendas para todas as imagens.

51

AMÉRICA DO SUL

A América do Sul é a parte mais ao sul do continente americano. É composta de doze países (entre eles o Brasil) e ainda pela Guiana Francesa, que pertence à França, e pelas Ilhas Falkland, que pertencem ao Reino Unido (reveja o mapa da página 48). Esse subcontinente abriga grande diversidade de paisagens. Conheça algumas delas nas fotografias a seguir.

A floresta Amazônica, a maior floresta Tropical do mundo, estende-se por diversos países da América do Sul. Na fotografia, floresta Amazônica no Amazonas (Brasil), em 2015.

Na América do Sul estão localizadas importantes e populosas cidades, como São Paulo, no estado de São Paulo (Brasil). Fotografia de 2015.

Deserto do Atacama, no norte do Chile, perto do Peru, considerado o deserto mais seco do mundo. Fotografia de 2015.

Os países da América do Sul possuem atividades econômicas muito variadas. Em alguns deles, como Brasil, Argentina e Chile, as indústrias são muito importantes.

A agricultura é outra atividade muito importante para os países sul-americanos, mas é praticada de maneiras diferentes em cada um. Em alguns deles utilizam-se tecnologias modernas para produzir grandes quantidades de alimentos e matérias-primas, como a soja, o trigo e a cana-de-açúcar. Em outros predomina uma agricultura voltada para o consumo da própria família, sem a utilização de tecnologias modernas.

A exploração de recursos naturais como o gás, o petróleo e o minério de ferro também tem grande importância para alguns países, como a Venezuela e o Brasil.

Base venezuelana de extração de petróleo e gás no lago Maracaibo, em 2015.

ATIVIDADES

1. Você conhece algum outro país da América do Sul, além do Brasil? Qual?

2. Se você respondeu **sim** à questão anterior, conte aos colegas o que mais você gostou de ver nesse país. Se você respondeu **não**, qual país gostaria de conhecer? Por quê?

3. Organizem-se em grupos e façam uma pesquisa sobre os países da América do Sul. Cada grupo deverá ser responsável pela pesquisa de um país. Sugestão de temas:

   - história do país;
   - atividades econômicas mais importantes;
   - população.

   Apresentem o resultado da pesquisa para a classe, sob a orientação do professor.

ATIVIDADES DO CAPÍTULO

1. Pinte o mapa abaixo com as cores indicadas na legenda. Depois complete o nome dos oceanos.

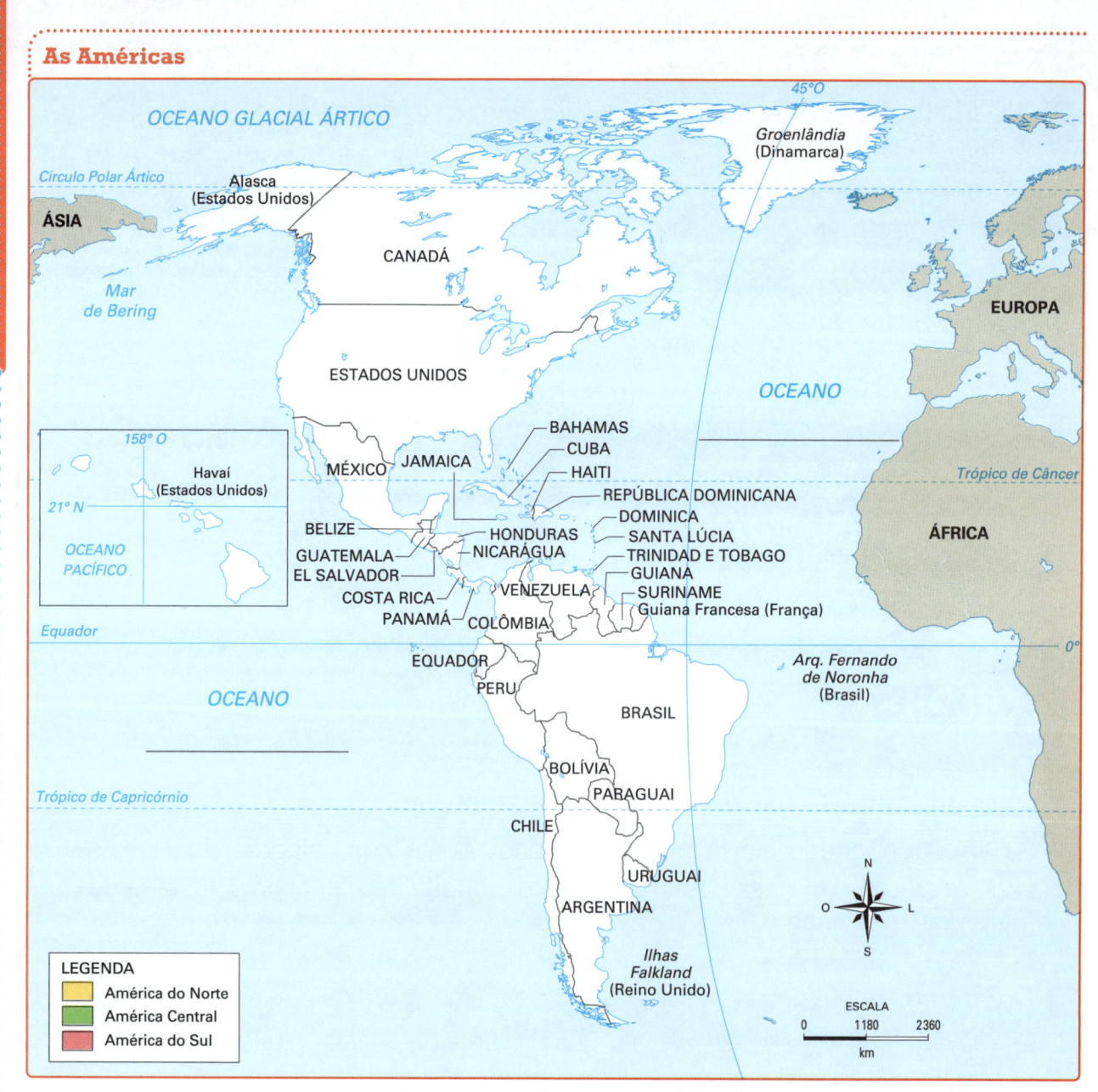

As Américas

LEGENDA
- América do Norte
- América Central
- América do Sul

Adaptado de: IBGE. **Atlas geográfico escolar**. 6. ed. Rio de Janeiro, 2012. p. 34.

2. Escreva o nome dos países que fazem parte da:

   a) América Central:

   _____

   _____

   _____

   _____

   b) América do Norte:

   _____

   _____

   c) América do Sul:

   _____

   _____

   _____

3. Quais países da América não são banhados por nenhum dos oceanos?

   _____

4. Leia as afirmações abaixo e identifique as incorretas. Depois reescreva-as, corrigindo os erros.

   a) Todos os países da América Central são insulares.

   _____

   b) O Brasil é o menor país da América do Sul.

   _____

   c) Estados Unidos, Canadá e México formam a América do Norte.

   _____

CAPÍTULO 5

O BRASIL NA AMÉRICA DO SUL

LIMITES E FRONTEIRAS

O território de um país é definido pelos seus **limites**. Em um mapa os limites são representados por linhas imaginárias. Observando o mapa abaixo é possível identificar os limites terrestres e marítimos do Brasil.

território: área que está sob controle de algum poder.

O Brasil na América do Sul

Adaptado de: IBGE. **Atlas geográfico escolar**. 6. ed. Rio de Janeiro, 2012. p. 41.

Muitos dos limites entre o Brasil e seus vizinhos são estabelecidos por divisas naturais, como mostra a fotografia do rio Paraná, na divisa entre Foz do Iguaçu, no Brasil, e Ciudad del Este, no Paraguai. Na imagem também é possível observar a Ponte da Amizade, que liga os dois países. Fotografia de 2015.

Ernesto Reghran/Pulsar Imagens

Paraguai

Brasil

Fronteiras

A palavra **fronteira** muitas vezes é usada como sinônimo de limite. Mas é importante dizer que são conceitos diferentes. Fronteiras são faixas de terra com largura variável, que se estendem ao longo dos limites dos países. Geralmente são áreas habitadas, onde os moradores se relacionam e circulam, dependendo da relação que existe entre os países. Observe a fotografia abaixo.

Praça Internacional, na fronteira entre o Brasil e o Uruguai. A bandeira indica em que país você está. Fotografia de 2014.

ATIVIDADES

1. Quais países da América do Sul não têm limites com o Brasil?

2. Quais países da América do Sul não possuem limites marítimos?

3. Qual é a diferença entre limite e fronteira?

OS LIMITES DO TERRITÓRIO BRASILEIRO AO LONGO DA HISTÓRIA

Os limites do Brasil e dos estados nem sempre foram como aparecem atualmente. Eles foram construídos ao longo do processo de ocupação e povoamento do continente sul-americano. Vamos conhecer um pouco dessa história?

Pode-se dizer que o primeiro limite do que hoje conhecemos como Brasil surgiu quando foi estabelecido o Tratado de Tordesilhas, em 1494. Nesse tratado as terras do continente foram divididas entre os colonizadores que disputavam terras na região: os portugueses e os espanhóis.

A primeira divisão interna da parte que pertencia aos portugueses foi feita a partir da doação das capitanias hereditárias, em 1534. Cada capitania foi entregue a uma pessoa (o donatário), nomeada pelo rei de Portugal, que passou a ser responsável pelo seu desenvolvimento e proteção. Parte dos ganhos obtidos em cada uma delas deveria ser enviada a Portugal. Observe o mapa.

capitanias hereditárias: grandes porções de terra que eram passadas de pai para filho.

Capitanias hereditárias no século 16

Adaptado de: **Atlas histórico Geral e Brasil**, de Cláudio Vicentino. São Paulo: Scipione, 2011. p. 100.

A ocupação portuguesa teve início no litoral, com a fundação de povoados e vilas e a constituição de engenhos de cana-de-açúcar. Com o passar do tempo, ela seguiu novas áreas para o interior do continente, onde se desenvolveram outras atividades econômicas, como a pecuária e a mineração. Essas atividades impulsionaram a formação de diversos povoados, que ultrapassavam a divisão imposta pelo Tratado de Tordesilhas.

Muitas capitanias não geravam ganhos suficientes para serem enviados a Portugal. Além disso, os donatários encontravam muitas dificuldades para administrá-las. Aos poucos as capitanias foram extintas e seus limites alterados, incluindo as áreas ocupadas do interior do continente.

Em 1822 (século 19), com a independência do Brasil em relação a Portugal, as capitanias foram transformadas em províncias, com algumas alterações em seus limites. Observe o mapa abaixo.

Brasil em 1822

Adaptado de: **Atlas histórico Geral e Brasil**, de Cláudio Vicentino. São Paulo: Scipione, 2011. p. 126.

Ao longo dos séculos 19 e 20, os limites do território que hoje conhecemos como Brasil foram sendo estabelecidos por meio de acordos e tratados. Houve também guerras com países vizinhos causadas pelas disputas por territórios.

> As províncias foram transformadas em estados, em 1889.

Os limites atuais do território brasileiro foram estabelecidos apenas no início do século 20. De lá para cá ainda ocorreram algumas mudanças na divisão interna. Veja o mapa ao lado.

Veja no **Miniatlas** o mapa com os limites e a divisão atual dos estados do Brasil e compare-o com o mapa ao lado.

Brasil em 1945

Adaptado de: IBGE. **Atlas geográfico escolar**. 2. ed. Rio de Janeiro, 2004. p. 100.

ATIVIDADES

- Compare o mapa do Brasil de 1822 com o mapa atual. Que diferenças você identifica? Converse com os colegas e o professor.

O TRABALHO ESCRAVO NA CONSTRUÇÃO DO BRASIL

OS INDÍGENAS

Em 1500, quando os portugueses chegaram ao continente sul-americano, essas terras já estavam povoadas. Estima-se que existiam de 2 milhões a 4 milhões de indígenas nas terras que hoje conhecemos como Brasil, que faziam parte de povos com culturas muito diversas.

A primeira atividade dos colonizadores portugueses foi a exploração do pau-brasil, árvore nativa da floresta do litoral, da qual era possível extrair uma tinta vermelha capaz de tingir tecidos. Esse corante era comercializado com os países da Europa.

Para realizar essa atividade o colonizador português aprisionava os indígenas e os obrigava a trabalhar como escravos. Os indígenas também eram obrigados a trabalhar nas lavouras de cana-de-açúcar e nas pequenas lavouras que abasteciam os povoados. Muitos se revoltavam, reagindo com violência contra o colonizador.

Esse processo de colonização foi aos poucos reduzindo o número de indígenas. Muitos morreram pelos maus-tratos sofridos com a escravização, pelas doenças trazidas pelos colonizadores europeus e pelos conflitos travados com eles. Atualmente, estima-se que a população indígena é de aproximadamente 900 mil pessoas.

O mapa abaixo apresenta a provável distribuição dos povos indígenas no passado.

indígenas: povos originários de uma localidade, nativos, e também seus descendentes.

Brasil: povos indígenas (provável distribuição em 1500)

LEGENDA
- Limite atual do território brasileiro
- Limite atual dos estados brasileiros
- Tupi-Guarani
- Jê
- Aruak
- Karib
- Kariri
- Pano
- Tukano
- Charrua
- Outros grupos

Adaptado de: **Atlas histórico básico**, de José Jobson de A. Arruda. São Paulo: Ática, 2006. p. 35.

OS AFRICANOS

Durante o período colonial brasileiro, muitos africanos foram trazidos para o Brasil para trabalhar como escravos. Eles eram aprisionados em seus países e vendidos como mercadoria por comerciantes portugueses.

Os africanos eram submetidos a uma longa e difícil viagem em navios, chamados navios negreiros. Geralmente eram separados de seus parentes. Muitos não resistiam à viagem, enquanto outros chegavam doentes.

Ao chegarem em terra firme, os africanos eram comercializados em um mercado. Eles eram comprados por senhores de engenho para trabalhar principalmente nas lavouras de cana-de-açúcar, atividade de grande importância nesse período. Depois sua mão-de-obra foi utilizada nas lavouras de tabaco, algodão, cacau e na mineração. Além disso, alguns trabalhavam nos afazeres domésticos nas casas dos senhores.

Eles eram submetidos a longas jornadas de trabalho e constantemente eram castigados. Mas eles resistiam à escravidão, se recusando a trabalhar e fugindo. A escravidão foi abolida no Brasil apenas em 1888, com a assinatura da Lei Áurea.

Detalhe da pintura de Johann Moritz Rugendas chamada **Moinho de açúcar** (de 1835). Ela retrata o trabalho de homens e mulheres africanos escravizados no Brasil colonial.

ATIVIDADES

- De acordo com as informações apresentadas, responda:

a) Quem realizava o trabalho de extração do pau-brasil?

_____

b) Quem realizava o trabalho nas plantações de cana-de-açúcar e nos engenhos de açúcar?

_____

_____

LEITURA DE IMAGEM

O OLHAR DE UM PINTOR EUROPEU

Muitos pintores europeus vieram ao Brasil para retratar o nosso país no início do século 19. A intenção deles era mostrar ao povo europeu como eram as paisagens e quem eram os moradores dessas terras. Os indígenas, principalmente, despertavam grande curiosidade pelo seu modo de vida, considerado "selvagem". Entre esses pintores está Johann Moritz Rugendas.

O que será que Rugendas mostrou aos europeus?

OBSERVE

Guerrilhas, obra de Johann Moritz Rugendas feita em 1835. Litografia colorida à mão, 51,3 cm × 35,5 cm.

1. O que você observa na imagem? Descreva a paisagem retratada por Rugendas nessa obra.

2. O que chama a sua atenção nela?

ANALISE

3. Na imagem é possível identificar um grupo de indígenas. Como eles estão retratados?

_____

_____

4. De acordo com a imagem, o que indica que o grupo de indígenas está sendo atacado?

_____

_____

5. Em sua opinião, qual foi a intenção do pintor ao retratar bem no centro da imagem o indígena sendo ferido?

_____

_____

RELACIONE

6. Faça uma pesquisa em livros e *sites* sobre os indígenas que vivem no Brasil atualmente, procurando respostas para as seguintes perguntas:

a) Eles estão localizados apenas em tribos distantes das cidades, em meio à floresta?

b) Como eles se vestem e do que se alimentam? Como são suas casas?

c) Que tipo de trabalho eles realizam para garantir o seu sustento?

d) Quais problemas eles enfrentam atualmente?

- Faça suas anotações no caderno. Depois elabore, em uma folha à parte, um desenho ou uma pintura que retrate suas descobertas e mostre que visão você tem dos indígenas que vivem no Brasil atualmente.

7. Em sua opinião, o que é necessário para que os indígenas sejam tratados com respeito atualmente?

ATIVIDADES DO CAPÍTULO

1. Atualmente no Brasil a maioria das comunidades indígenas vive em terras coletivas chamadas Terras Indígenas. Observe no mapa abaixo a localização delas.

Brasil: Terras Indígenas

Adaptado de: INSTITUTO SOCIOAMBIENTAL. **Povos Indígenas no Brasil**. Disponível em: <http://pibmirim.socioambiental.org/terras-indigenas>. Acesso em: 1º fev. 2016.

Compare o mapa acima com o mapa da página 60 e responda às questões.

a) Quais são as informações apresentadas nos mapas?

_____
_____
_____
_____

b) Da época do início da colonização portuguesa até hoje, o que aconteceu com os povos indígenas do território brasileiro?

_____
_____

2. De acordo com o que você aprendeu, responda:

   a) Como foi estabelecido o primeiro limite do que hoje conhecemos como Brasil?

   _____

   b) Como foi estabelecida a primeira divisão interna do território?

   _____

3. Assinale qual afirmação abaixo você acha mais correta para explicar o primeiro contato dos colonizadores portugueses com as terras brasileiras. Explique a sua resposta.

   ☐ Os colonizadores portugueses descobriram as terras que hoje conhecemos como Brasil.

   ☐ Os colonizadores portugueses chegaram às terras que hoje conhecemos como Brasil.

   _____
   _____
   _____
   _____

4. Em muitos municípios do Brasil o dia 20 de novembro é feriado porque é o **Dia da Consciência Negra**. Você sabe o que essa data representa? Faça uma pequena pesquisa sobre o assunto e elabore um texto no seu caderno. Apresente a sua pesquisa para os colegas e o professor.

5. De acordo com o que você estudou neste capítulo, é correto afirmar que o trabalho dos indígenas, dos africanos e dos afrodescendentes contribuiu e continua contribuindo com a construção do Brasil? Por quê? Converse com o professor e os colegas.

afrodescendentes: pessoas descendentes de família ou indivíduo africano negro.

CAPÍTULO 6

O TERRITÓRIO BRASILEIRO

AS REGIÕES DO IBGE

Você sabia que o Brasil é o terceiro maior país do continente americano – e o quinto do mundo – em extensão territorial? Veja os dados do gráfico.

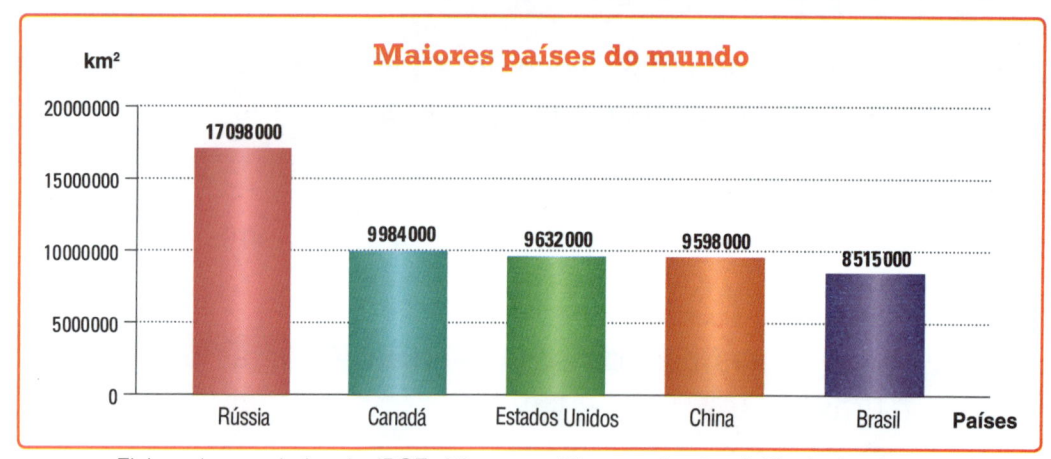

Maiores países do mundo (km²)

- Rússia: 17 098 000
- Canadá: 9 984 000
- Estados Unidos: 9 632 000
- China: 9 598 000
- Brasil: 8 515 000

Elaborado com dados de: IBGE. **Atlas geográfico escolar**. 6. ed. Rio de Janeiro, 2012. p. 34.

Para melhor compreender, estudar e administrar um país tão grande, o Instituto Brasileiro de Geografia e Estatística (IBGE) estabeleceu a divisão do território do Brasil em cinco regiões. Observe no mapa ao lado que os limites das regiões do IBGE se baseiam nos limites políticos dos estados e seus nomes foram definidos com base nos pontos cardeais e colaterais.

> **IBGE:** órgão responsável pela coleta e divulgação de dados sobre o Brasil, que são utilizados no planejamento das ações do governo.

> **Região** é uma área da superfície terrestre que apresenta características próprias, que a diferenciam das áreas vizinhas. Para reunir estados em uma mesma região o IBGE utilizou critérios como semelhanças nos aspectos físicos (relevo, clima, vegetação), sociais e econômicos.

Brasil: divisão regional

LEGENDA
- Região Norte
- Região Centro-Oeste
- Região Nordeste
- Região Sudeste
- Região Sul

Adaptado de: IBGE. **Atlas geográfico escolar**. 6. ed. Rio de Janeiro, 2012. p. 94.

A integração do território

A grande extensão territorial do Brasil foi um fator que dificultou a sua administração desde o período colonial. Os povoados, vilas e cidades localizavam-se ao longo do extenso litoral e não se comunicavam uns com os outros. A ligação entre as partes do território era feita principalmente por caminhos de terra onde transitavam animais de carga, além do transporte marítimo. Uma maior integração do território ocorreu com a abertura de ferrovias e posteriormente de estradas e o desenvolvimento do transporte rodoviário, apenas a partir do século 20. Isso possibilitou o maior deslocamento de pessoas e mercadorias. Atualmente, a diversidade de meios de transporte e de comunicação aumentou a integração do território.

ATIVIDADES

1 Em que estado você vive e de qual região ele faz parte?

_____

2 Escreva o nome de dois estados vizinhos ao seu.

_____

3 Qual é o significado da palavra **integração** no texto acima? E qual é a importância do transporte e da comunicação para a integração do território?

_____

_____

_____

OS ESTADOS E OS MUNICÍPIOS

O Brasil é formado por 26 estados e o Distrito Federal, onde se localiza Brasília, a capital do país. Eles compõem a **República Federativa do Brasil**. Por isso os estados e o Distrito Federal são chamados de **Unidades da Federação**.

Cada estado é formado por um número diferente de municípios.

E quem governa o Brasil, os estados e os municípios? Sobre isso, leia o texto a seguir.

Organização dos Três Poderes

[...] O Brasil, seus estados e municípios têm um governo. Esse governo é responsável pela elaboração de leis, cobrança dos impostos e prestação de serviços à população. Quem cuida da iluminação pública e da coleta de lixo, por exemplo, é a Prefeitura (o governo municipal). Já a segurança pública é de responsabilidade do governo estadual. E todas as questões ligadas à defesa do país (Exército) cabem à União (o governo federal).

impostos: contribuições financeiras pagas pelos moradores ao governo (Estado) para custear os gastos públicos.

Os municípios são governados pelos prefeitos e vice-prefeitos. Os estados, pelos governadores e vice-governadores, e o país é governado pelo presidente e pelo vice-presidente. Todos eles são eleitos pela população, ou seja, são escolhidos por meio do voto da maioria das pessoas, para que assim possam exercer o poder em nome delas. Ocupam cargos públicos que podem ser preenchidos tanto por homens quanto por mulheres.

O poder exercido pelos prefeitos, governadores e presidente recebe o nome de poder **Executivo**. Ele recebe este nome porque cabe a seus representantes colocar as leis em prática, ou seja, executá-las e administrar os negócios públicos, como cobrar impostos, decidir onde o dinheiro recolhido será aplicado, quantas escolas ou hospitais públicos serão construídos em um ano, quantas e quais ruas receberão calçamento, etc. O poder Executivo é auxiliado, em sua tarefa de governar, pelo poder Legislativo e pelo poder Judiciário.

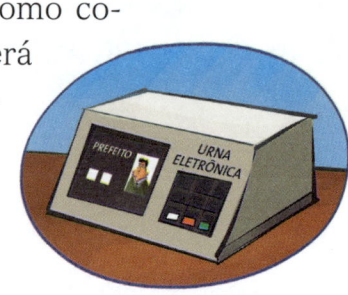

O poder **Legislativo** é responsável pela elaboração e aprovação das leis. Para compor o poder Legislativo, também são eleitos através de voto os vereadores, os deputados (estaduais e federais) e os senadores.

O poder **Judiciário** é o fiscalizador. Ele cuida para que essas leis sejam cumpridas e zela pelos direitos dos indivíduos. Do poder Judiciário fazem parte os juízes e os promotores de justiça. [...]

SÓ HISTÓRIA. Disponível em: <www.sohistoria.com.br/ef1/trespoderes/>. Acesso em: 2 fev. 2016.

Palácio do Planalto, em Brasília (Distrito Federal), em 2015. Neste prédio está o Gabinete da Presidência da República.

ATIVIDADES

1 Relacione as colunas corretamente.

Governa o estado.	Presidente
Governa o município.	Governador
Governa o país.	Prefeito

2 Complete.

a) O poder exercido por prefeitos, governadores e presidente recebe o nome de poder _____.

b) O poder responsável pela elaboração das leis é o _____ e o responsável pela fiscalização do cumprimento delas é o _____.

AS CAPITAIS

A capital de um país ou estado é a cidade onde estão localizados os principais órgãos da administração pública. Por isso, a capital é o principal centro de decisões. Na capital do Brasil (Brasília) encontra-se a sede do Governo Federal. Além dele estão os Ministérios, o Senado e a Câmara dos Deputados.

Nas capitais dos estados estão as sedes dos governos estaduais. Veja as imagens.

O Palácio Anchieta é a sede do governo do estado do Espírito Santo, localizado na capital do estado, Vitória. Fotografia de 2013.

O Palácio dos Leões é a sede do governo do estado do Maranhão, localizado na capital do estado, São Luís. Fotografia de 2014.

Brasília, a capital do Brasil

A cidade de Brasília, no Distrito Federal, foi construída na década de 1950, na região Centro-Oeste do país.

Sua inauguração ocorreu em 1960 e, desde então, Brasília se tornou a terceira capital do Brasil. Em pouco tempo, passou a ser uma das principais cidades do interior do país.

Diferentemente da maioria das cidades brasileiras, a cidade de Brasília foi planejada, ou seja, foi construída e se desenvolveu a partir de um projeto. Outras cidades como Belo Horizonte, capital de Minas Gerais, e Palmas, capital do Tocantins, também foram planejadas. O principal objetivo da construção de Brasília era ocupar e desenvolver o interior do país.

Vista de Brasília (Distrito Federal), em 2013.

ATIVIDADES

1 De acordo com o texto acima Brasília foi a terceira capital do Brasil. Você sabe quais cidades já foram a capital de nosso país? Faça uma pesquisa e descubra.

_____

2 As cidades que já foram capitais do Brasil hoje fazem parte de quais estados?

_____

3 Leia o texto abaixo. Ele é de autoria de Juscelino Kubitschek, presidente do Brasil na época da construção de Brasília. Depois responda à questão.

> A criação de Brasília, a interiorização do governo, foi um ato democrático e irretratável de ocupação efetiva do nosso vazio territorial.

- O que ele quis dizer com interiorização do governo? Converse com os colegas e o professor.

71

ATIVIDADES DO CAPÍTULO

1. Peça a ajuda de um adulto e preencha a ficha abaixo.

   Nome do presidente do Brasil: _____

   Estado em que você mora: _____

   Nome do governador: _____

   Capital do estado em que você mora: _____

   Município em que você mora: _____

   Nome do prefeito: _____

2. Observe as imagens, leia as legendas e indique em que estado e região do Brasil cada um dos locais retratados se localiza.

Vista da capital Vitória, em 2015.

Vista da capital Belém, em 2014.

_____   _____

3. Complete o quadro conforme o modelo. Consulte o mapa da página 66 e o mapa da página 16 do **Miniatlas**.

Brasil

Região	Estado	Sigla	Capital
Nordeste (NE)	Alagoas	AL	Maceió
Norte (NO)	Acre	AC	Rio Branco
Sudeste (SE)	Espírito Santo	ES	Vitória
Sul (S)	Paraná	PR	Curitiba
Centro-Oeste (CO)	Goiás	GO	Goiânia

ENTENDER O ESPAÇO GEOGRÁFICO

O BRASIL EM DIFERENTES ESCALAS

Você já sabe que os mapas representam, de maneira bastante reduzida, a superfície da Terra ou uma parte dela. E que podemos representar a mesma área em tamanhos diferentes, ou seja, com escalas diferentes. Mas será que podemos representar todas as informações que queremos em qualquer mapa, em qualquer escala? É o que você vai ver agora. Observe os mapas abaixo e depois faça as atividades da página seguinte.

Brasil: político (1)

Adaptado de: IBGE. **Atlas geográfico escolar**. 6. ed. Rio de Janeiro, 2012. p. 90.

Brasil: político (2)

Adaptado de: IBGE. **Atlas geográfico escolar**. 6. ed. Rio de Janeiro, 2012. p. 90.

1. Assinale os itens que podem ser observados em cada mapa.

É possível observar...	Mapa 1	Mapa 2
Identificação dos estados		
Capitais dos estados		
Limite entre os estados		
Rios principais		
Oceano Atlântico		
Trópico de Capricórnio		
Distrito Federal		

2. Em que Unidade da Federação está localizada a capital do país? Que mapa você observou para chegar a essa resposta? Por quê?

_____

_____

_____

3. Em sua opinião, o que aconteceria se representássemos as capitais e os rios no mapa 2?

4. Complete as frases com as palavras **menos** e **mais**.

   a) No mapa 1 o território brasileiro foi _____ reduzido, por isso é possível observar _____ detalhes.

   b) No mapa 2 o território brasileiro foi _____ reduzido, por isso se observam _____ detalhes.

LER E ENTENDER

Nesta seção, você vai conhecer uma **letra de canção** do grupo Palavra Cantada. Você conhece esse grupo musical? Já ouviu a música "Ora bolas"? Você imagina do que ela fala?

Ora bolas

Oi, oi, oi
Olha aquela bola
A bola pula bem no pé, no pé do menino
Quem é esse menino?
Esse menino é meu vizinho.
Onde que ele mora?
Mora lá naquela casa.
Onde está a casa?
A casa tá na rua.
Onde está a rua?
Tá dentro da cidade.
Onde está a cidade?
Tá do lado da floresta.
Onde é a floresta?
A floresta é no Brasil.
Onde está o Brasil?
Tá na América do Sul
No continente americano, cercado de oceano
E das terras mais distantes de todo o planeta.
E como que é o planeta?
O planeta é uma bola que rebola lá no céu.
Oi, oi, oi
Olha aquela bola...

Paulo Tatit e Sandra Peres. Ora bolas.
Palavra Cantada 10 Anos. (CD). Lua Discos, 2004.

ANALISE

1. A letra da canção usa um recurso comum nos poemas: a repetição de um mesmo refrão.

    a) Qual foi o refrão usado na música?

    _____

    b) Para que serve o refrão em um poema?

    _____

2. A música sugere uma conversa entre duas pessoas. O que comprova isso?

    _____

3. Nos versos "A bola pula bem no pé, no pé do menino" e "O planeta é uma bola que rebola lá no céu" que imagem da bola é sugerida?

    _____

4. Em qual dos versos citados na questão acima a bola significa um brinquedo infantil? Como você chegou a essa conclusão?

    _____

RELACIONE

5. Um dos versos da letra da canção diz: "No continente americano, cercado de oceano". Quais oceanos cercam o continente americano?

    _____

6. No poema, por que o planeta Terra é descrito como uma bola que rebola no céu?

    _____

7. Você conseguiria representar a casa, a rua, a cidade, o Brasil, a América do Sul, o continente americano e o planeta, descritos na letra da canção, em um único mapa? Converse com o professor e os colegas.

O QUE APRENDI?

Agora é hora de retomar as discussões realizadas nesta Unidade. Vamos lá?

1. De acordo com o que você estudou, o que a imagem de abertura da Unidade representa?

   _____
   _____
   _____
   _____

2. Há semelhanças entre os limites retratados no mapa e os limites atuais do território brasileiro?

   _____
   _____

3. Em sua opinião, por que não foram representados os limites dos estados nesse mapa?

_____

_____

4. Complete o esquema indicando três países de cada subcontinente.

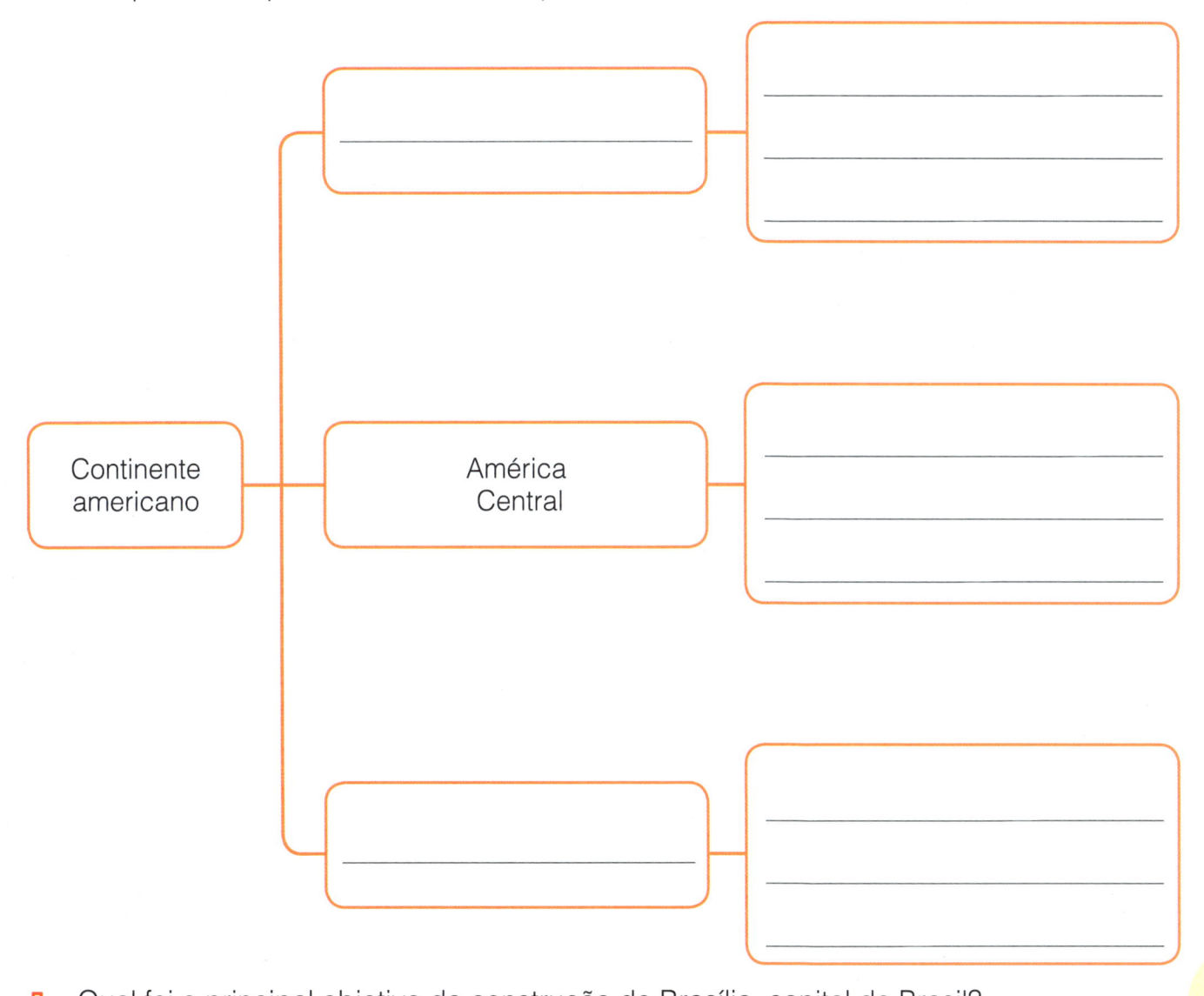

```
                    ┌─────────────────┐        ┌─────────────────┐
                    │                 │────────│                 │
                    │   _____    │        │   _____    │
                    └─────────────────┘        │   _____    │
                   ╱                           │   _____    │
┌──────────┐      ╱                            └─────────────────┘
│Continente│─────┤    ┌─────────────────┐      ┌─────────────────┐
│americano │     │    │     América     │──────│   _____    │
└──────────┘     │    │     Central     │      │   _____    │
                  ╲   └─────────────────┘      │   _____    │
                   ╲                           └─────────────────┘
                    ╲ ┌─────────────────┐      ┌─────────────────┐
                      │                 │──────│   _____    │
                      │   _____    │      │   _____    │
                      └─────────────────┘      │   _____    │
                                               └─────────────────┘
```

5. Qual foi o principal objetivo da construção de Brasília, capital do Brasil?

_____

_____

_____

UNIDADE 3
AS PAISAGENS BRASILEIRAS

Paisagem de Minas Gerais, pintura de Hector Molina, feita em 2013. Óleo sobre tela, 120 cm × 80 cm.

- Você já esteve em um lugar como o retratado na pintura?

- Como você descreveria esta paisagem? Que elementos naturais e culturais você identifica nela?

- Pela imagem você consegue saber como é o clima deste lugar? E o relevo?

Hector Molina/Acervo do artista

CAPÍTULO 7

O CLIMA E AS PAISAGENS

AS DIFERENÇAS CLIMÁTICAS DO BRASIL

Reveja as paisagens das páginas 16 e 17. Será que é possível perceber diferenças no clima dos lugares retratados apenas observando as imagens?

Enquanto em alguns lugares do mundo o frio é rigoroso somente no inverno, em outros ele permanece o ano todo. O mesmo acontece com o calor: em alguns lugares a temperatura do ar permanece alta apenas durante o verão; em outros, ao longo de todo o ano.

E no Brasil? Será que existem diferenças marcantes no clima das diferentes regiões do país? Observe as imagens.

Praia em Salvador (BA), em agosto de 2013, no **inverno**.

Praia em Salvador (BA), em janeiro de 2014, no **verão**.

Parque do Lago, em Guarapuava (PR), em julho de 2013, no **inverno**.

Parque do Lago, em Guarapuava (PR), em março de 2016, no **verão**.

ATIVIDADES

1 Quais são as diferenças nas paisagens das fotografias de Salvador (1 e 2) e de Guarapuava (3 e 4), no verão e no inverno?

_____

_____

2 O que é possível concluir sobre o clima dos municípios retratados apenas observando as imagens? Converse com os colegas e o professor.

3 Em qual estado e região do Brasil se localiza cada município retratado nas imagens?

_____

_____

83

AS ZONAS CLIMÁTICAS

Como você observou nas paisagens retratadas nas páginas 82 e 83, é possível identificar diferenças climáticas no território brasileiro ao longo do ano. Essas diferenças acontecem pelos seguintes fatores:

- formato arredondado do planeta Terra;
- inclinação do eixo terrestre;
- movimento de translação do planeta;
- posição geográfica do território brasileiro.

Vamos entender melhor como o formato arredondado da Terra determina a diferença de insolação nas diferentes regiões do planeta? Observe as ilustrações.

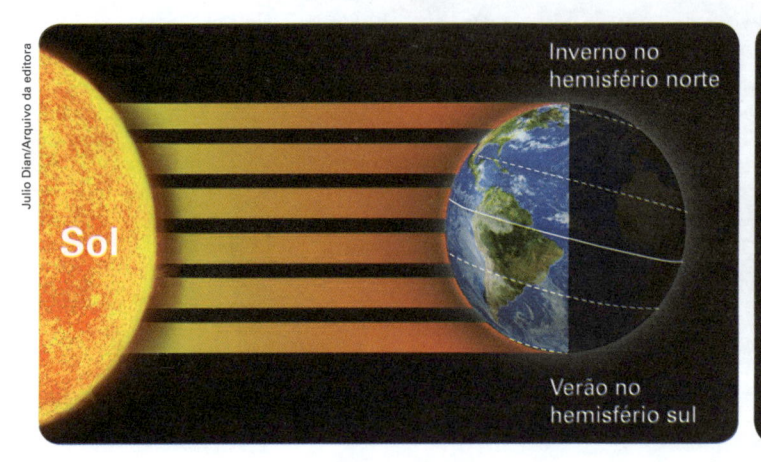

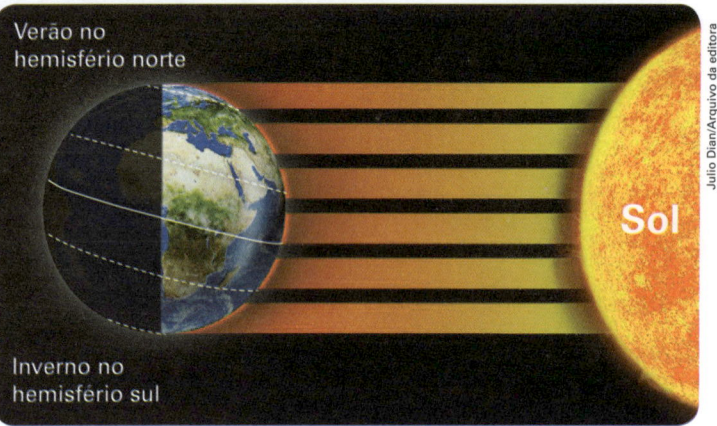

A Terra e o Sol não estão representados proporcionalmente, e as cores aplicadas não correspondem à realidade.

Observando as ilustrações é possível perceber que perto dos polos (norte e sul) os raios solares atingem a superfície da Terra de maneira mais inclinada. Já perto da linha do equador os raios solares atingem a superfície com pouca ou nenhuma inclinação. Assim, perto dos polos os raios atingem a superfície com menor intensidade, gerando pouco calor, e perto da linha do equador eles atingem a superfície com maior intensidade, gerando mais calor.

Reveja a ilustração da página 28, que demonstra o movimento de translação da Terra com seu eixo inclinado. Como você já aprendeu, essas características do planeta e de seu movimento determinam as diferentes estações do ano em cada hemisfério, porque a variação da intensidade de luz em cada um se dá de maneira alternada ao longo do ano. Quando os raios solares incidem com maior intensidade no hemisfério norte, lá é verão e no hemisfério sul é inverno. Quando o Sol incide com maior intensidade no hemisfério sul, lá é verão e no hemisfério norte é inverno.

A diferença de insolação sobre a superfície terrestre determina as zonas climáticas no planeta. Observe.

Zonas climáticas do planeta

Zona temperada: nas regiões entre o trópico de Câncer e o círculo polar Ártico e entre o trópico de Capricórnio e o círculo polar Antártico, a incidência dos raios solares é menos intensa do que na zona tropical. Por isso, as temperaturas são mais baixas e próximo aos polos o inverno é rigoroso, com temperaturas abaixo de zero.

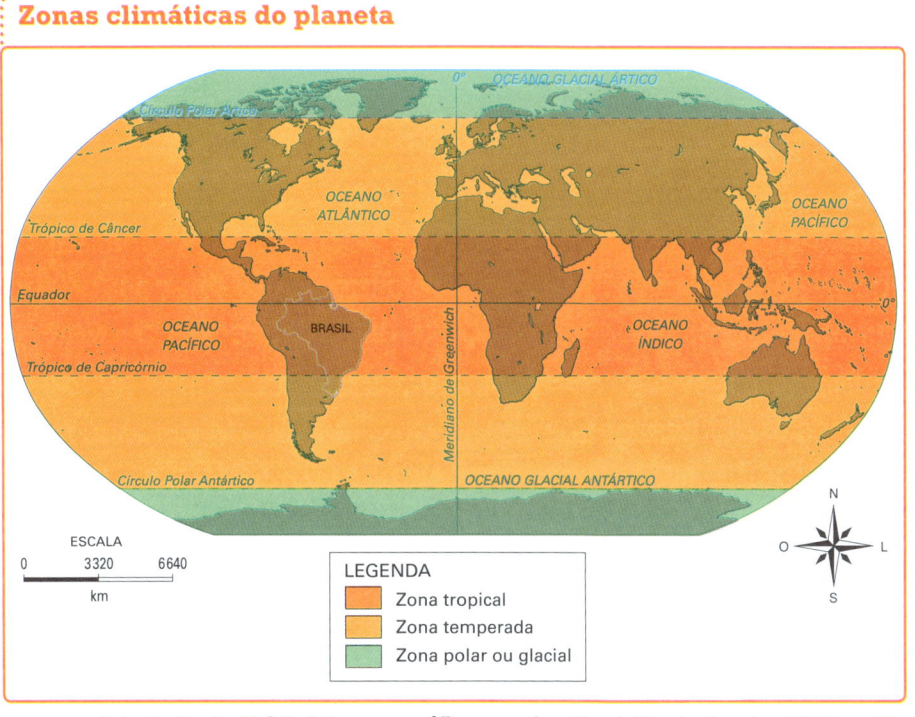

Zona tropical: na região próxima à linha do equador, entre os trópicos de Câncer e de Capricórnio, a incidência dos raios solares é alta e, por isso, as temperaturas são elevadas. Nessa região geralmente o verão é quente, e perto da linha do equador faz calor o ano todo.

Zona polar ou glacial: nas regiões localizadas entre o polo norte e o círculo polar Ártico e entre o polo sul e o círculo polar Antártico, as temperaturas são muito frias o ano todo.

LEGENDA
- Zona tropical
- Zona temperada
- Zona polar ou glacial

Adaptado de: IBGE. **Atlas geográfico escolar**. 6. ed. Rio de Janeiro, 2012. p. 58.

ATIVIDADES

1 Observe o planisfério das zonas climáticas e depois responda às questões.

a) Em quais zonas climáticas o território brasileiro está localizado?

_____

b) Em qual zona climática está localizada a região Sul do Brasil?

_____

c) Em qual zona climática está localizada a região Nordeste do Brasil?

_____

2 Com base nas respostas da questão anterior, é possível explicar por que existem climas tão diferentes no Brasil, como os retratados nas imagens dos municípios de Salvador e de Guarapuava, apresentadas nas páginas 82 e 83? Converse com o professor e os colegas.

TEMPO ATMOSFÉRICO E OS CLIMAS DO BRASIL

Observe a paisagem pela janela da sua casa ou da sala de aula. Está frio ou calor? Está chovendo ou fazendo sol? Ao responder a essas perguntas, você estará descrevendo o **tempo atmosférico**, ou seja, as condições do tempo desse lugar, naquele momento.

Quando observamos as variações dos tipos do tempo atmosférico ao longo do ano, em um lugar ou região, estamos falando do **clima** desse lugar (ou região). Para determinar o clima, os pesquisadores devem analisar as repetições dos tipos de tempo em um lugar por pelo menos trinta anos, observando, entre outros elementos, o comportamento da temperatura e das chuvas.

No Brasil, existe uma grande variedade de climas, determinada principalmente pelos seguintes fatores: a grande extensão do território no sentido norte-sul, as diferenças de altitude do terreno, a proximidade com o oceano e a atuação de diferentes massas de ar.

altitude: medida da elevação de um terreno a partir do nível do mar (zero metro).

O que são massas de ar?

Massas de ar são grandes porções de ar que se movimentam sobre a superfície terrestre. Elas têm diferentes características de temperatura e umidade, de acordo com a região em que se formaram. Por exemplo: massas de ar que se originam sobre o oceano carregam bastante umidade para onde forem; massas de ar que se originam nas regiões polares são muito frias e provocam queda de temperatura por onde passam. Observe na imagem ao lado a atuação das principais massas de ar no território brasileiro.

umidade: quantidade de vapor de água (água no estado gasoso) na atmosfera.

A Massa Polar Atlântica é a única massa de ar fria que atinge o Brasil. Ela atua no inverno influenciando mais o clima das regiões Sul e Sudeste do país, mas às vezes avança em direção às regiões Norte e Nordeste, provocando queda na temperatura e chuva. Ela se forma sobre o oceano Atlântico.

LEGENDA
Massas de ar quente
→ Equatorial Atlântica
→ Equatorial Continental
→ Tropical Atlântica
→ Tropical Continental
Massa de ar frio
→ Polar Atlântica

Observe no mapa abaixo os climas predominantes no Brasil.

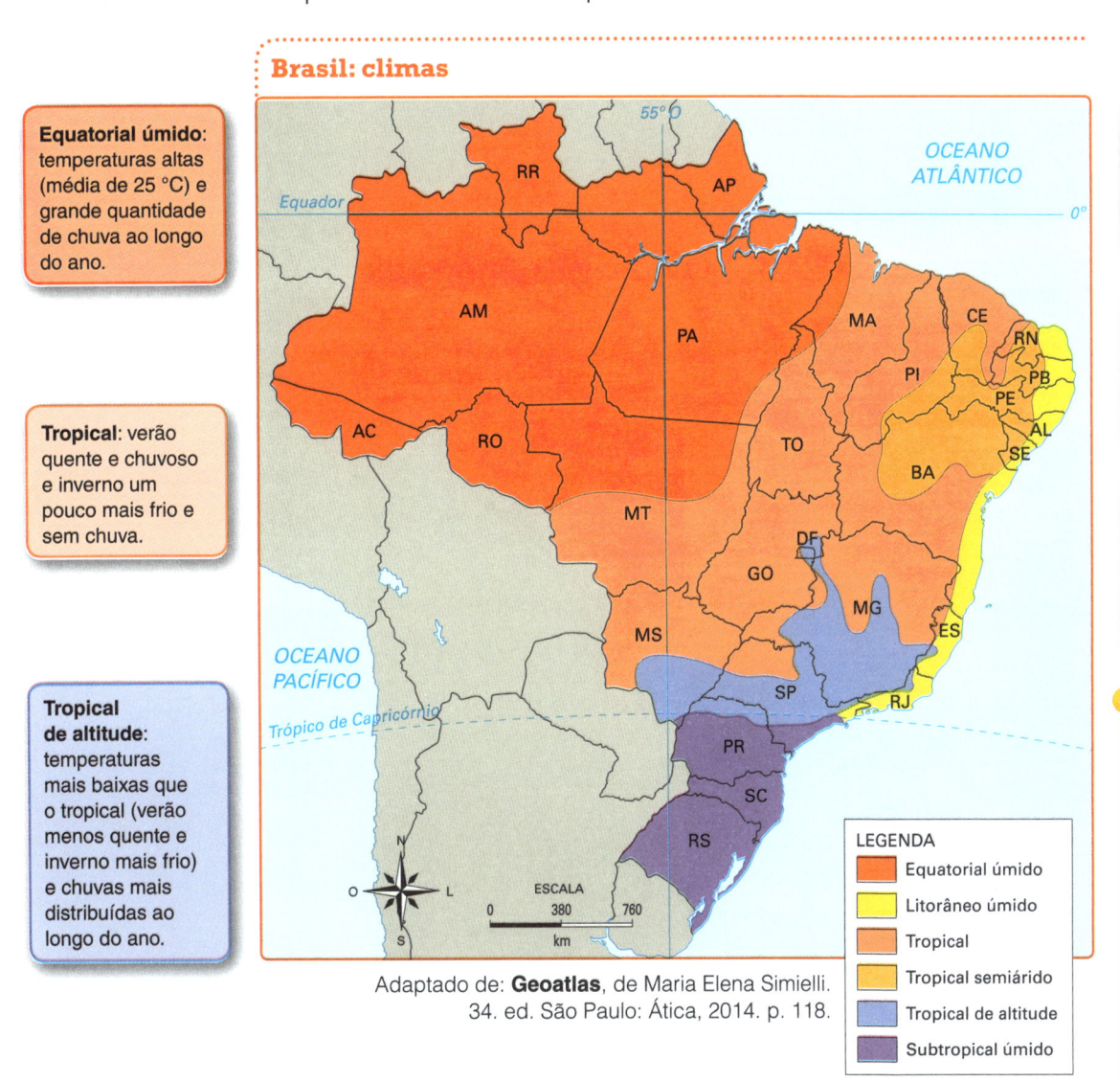

Brasil: climas

Equatorial úmido: temperaturas altas (média de 25 °C) e grande quantidade de chuva ao longo do ano.

Tropical: verão quente e chuvoso e inverno um pouco mais frio e sem chuva.

Tropical de altitude: temperaturas mais baixas que o tropical (verão menos quente e inverno mais frio) e chuvas mais distribuídas ao longo do ano.

Tropical semiárido: temperaturas altas (média de 26 °C) e pouca chuva ao longo do ano, concentrada em três meses do ano.

Litorâneo úmido: temperaturas altas (média de 20 °C) ao longo do ano e com um período do ano um pouco menos chuvoso.

Subtropical úmido: temperaturas altas no verão e baixas no inverno, quando é frequente a ocorrência de geada, e chuvas distribuídas ao longo do ano.

geada: fenômeno natural que ocorre quando se formam camadas finas de gelo sobre as plantas ou outras superfícies lisas, como vidros de janelas. Para que ela ocorra a temperatura do ar deve estar a 0 °C ou menos.

LEGENDA
- Equatorial úmido
- Litorâneo úmido
- Tropical
- Tropical semiárido
- Tropical de altitude
- Subtropical úmido

Adaptado de: **Geoatlas**, de Maria Elena Simielli. 34. ed. São Paulo: Ática, 2014. p. 118.

ATIVIDADES

1 De acordo com o mapa, qual é o clima predominante do estado onde você mora? Quais estados possuem esse mesmo clima?

_____

_____

_____

2 Releia a descrição das características do clima predominante no estado em que você mora. Você percebe essas características ao longo do ano?

A AÇÃO HUMANA E A INTERFERÊNCIA NO CLIMA

Leia a manchete abaixo e observe as imagens.

Nível de gases do efeito estufa na atmosfera bate recorde

Notícias Terra. Disponível em: <http://noticias.terra.com.br/ciencia/quantidade-de-gases-do-efeito-estufa-na-atmosfera-bate-recorde-em-2014,54669dc1d948395d3d4b73bd8a011b4fcsn6vuzr.html>. Acesso em: 8 fev. 2016.

Rua em Belo Horizonte (MG), em 2015.

Floresta Amazônica no Acre, em 2014.

O que as imagens acima têm em comum? Você acha que existe relação entre as imagens e a manchete da notícia?

Segundo alguns especialistas, a poluição do ar, além de prejudicar a saúde e a qualidade de vida das pessoas, tem contribuído com algumas alterações climáticas do planeta, como a elevação da temperatura média da atmosfera, causada pelo aumento do **efeito estufa**. Vamos entender como isso ocorre?

atmosfera: camada de gases que envolve a Terra.

O que é o efeito estufa?

Ao contrário do que muita gente pensa, o efeito estufa não é um fenômeno que faz mal para o nosso planeta. Na verdade, a vida na Terra só é possível graças a ele, que mantém a temperatura do planeta constante. O problema, como em quase tudo na vida, está no excesso: o homem anda lançando no ar uma quantidade maior do que poderia de alguns gases que formam a camada do efeito estufa (como o CO_2 e o metano) e, por conta disso, a temperatura da Terra está mais alta do que deveria, gerando um problema que chamamos de aquecimento global e que ameaça a vida no planeta. [...]

Planeta sustentável. Disponível em: <http://planetasustentavel.abril.com.br/planetinha/fique-ligado/buba-aquecimento-global-efeito-estufa-temperatura-terra-586209.shtml>. Acesso em: 8 fev. 2016.

CO_2: gás carbônico.

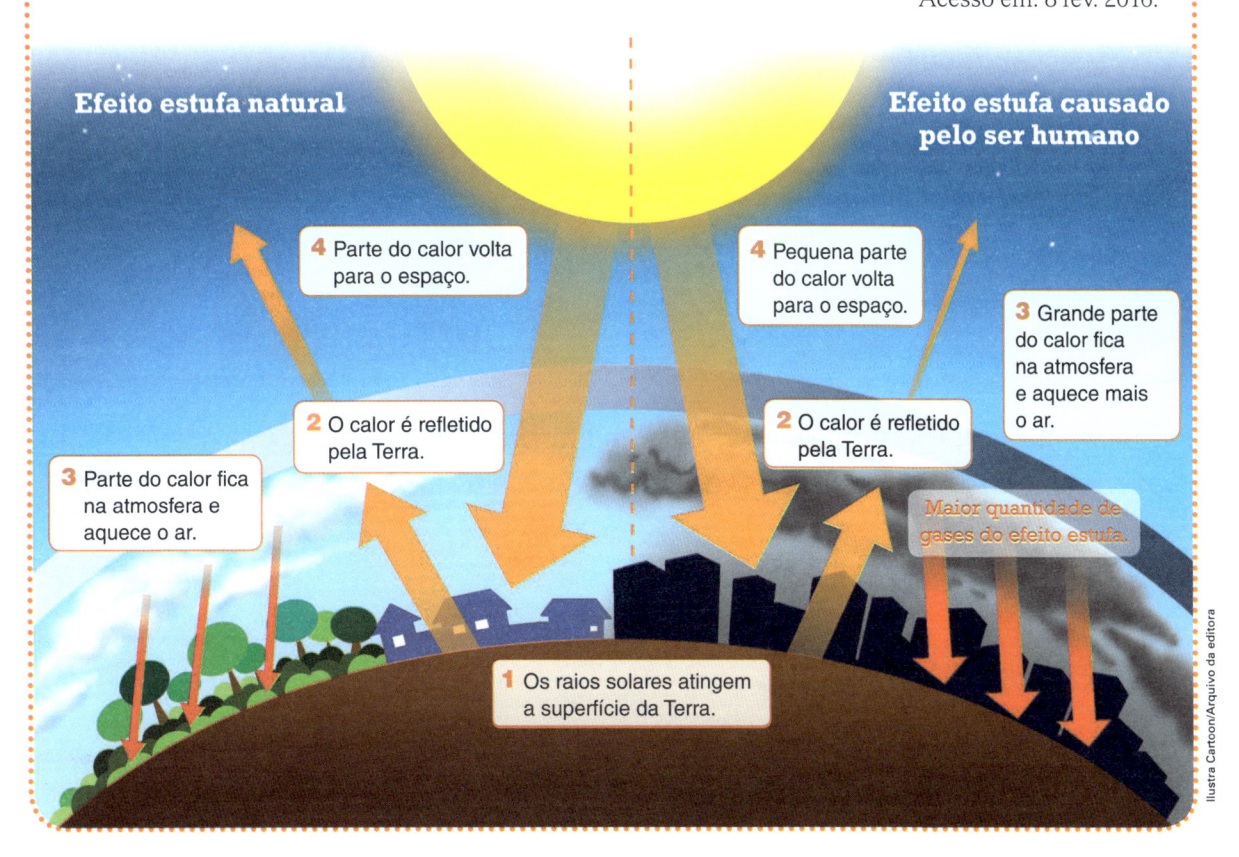

Efeito estufa natural
- 4 Parte do calor volta para o espaço.
- 2 O calor é refletido pela Terra.
- 3 Parte do calor fica na atmosfera e aquece o ar.
- 1 Os raios solares atingem a superfície da Terra.

Efeito estufa causado pelo ser humano
- 4 Pequena parte do calor volta para o espaço.
- 3 Grande parte do calor fica na atmosfera e aquece mais o ar.
- 2 O calor é refletido pela Terra.
- Maior quantidade de gases do efeito estufa.

Ilustra Cartoon/Arquivo da editora

ATIVIDADES

1. Nas imagens da página ao lado, é possível observar duas ações do ser humano que são responsáveis pelo lançamento na atmosfera de maior quantidade de gases responsáveis pelo efeito estufa. Quais são elas?

2. Que atitudes podemos tomar para diminuir a emissão na atmosfera de gases do efeito estufa?

ATIVIDADES DO CAPÍTULO

1. Qual é a diferença entre tempo atmosférico e clima? Explique com suas palavras.

   _____
   _____
   _____

2. Leia a tirinha abaixo.

   a) Calvin, personagem da tirinha, está muito preocupado com um assunto. Que assunto é esse? Segundo ele, que problema ele pode causar?

   _____
   _____
   _____
   _____
   _____

   b) Na tirinha, a mãe de Calvin menciona uma das fontes de poluentes. Qual é ela?

   _____

3. Organize-se em grupo e faça uma pesquisa em jornais, em livros e na internet sobre as possíveis consequências do aquecimento global para a vida no planeta Terra. Faça suas anotações no caderno. Apresente o resultado da pesquisa para a sala.

4. Agora você fará com os colegas um trabalho de observação do tempo atmosférico.

Preencha o quadro abaixo, anotando no local indicado suas observações sobre o tempo atmosférico ao longo da semana. Observe que vocês também deverão anotar a previsão do tempo para cada dia, pesquisada em jornais ou na internet.

Ao final da semana vocês terão o quadro todo preenchido. Depois disso, respondam às questões propostas.

Dias da semana	Condições do tempo atmosférico observadas	Previsão do tempo atmosférico
Segunda-feira (____/____/____)		
Terça-feira (____/____/____)		
Quarta-feira (____/____/____)		
Quinta-feira (____/____/____)		
Sexta-feira (____/____/____)		

a) Compare as informações observadas por vocês com as da previsão do tempo. Indique os dias em que foram semelhantes e os dias em que foram diferentes, caso tenham ocorrido.

b) Se a previsão do tempo não acertou as condições da atmosfera em algum dia, por que você acha que isso aconteceu?

c) A previsão do tempo é importante para você?

CAPÍTULO 8

O RELEVO E AS PAISAGENS

AS FORMAS DE RELEVO DO BRASIL

A superfície da Terra apresenta diferentes formas. Algumas são mais planas, outras são mais onduladas, com altos e baixos. Esse conjunto de formas da superfície terrestre é chamado **relevo**. O relevo é um elemento natural das paisagens.

Cada uma dessas formas recebe um nome diferente, de acordo com suas características. No Brasil, as grandes formas de relevo são: planícies, planaltos e depressões. Observe alguns exemplos nas paisagens a seguir.

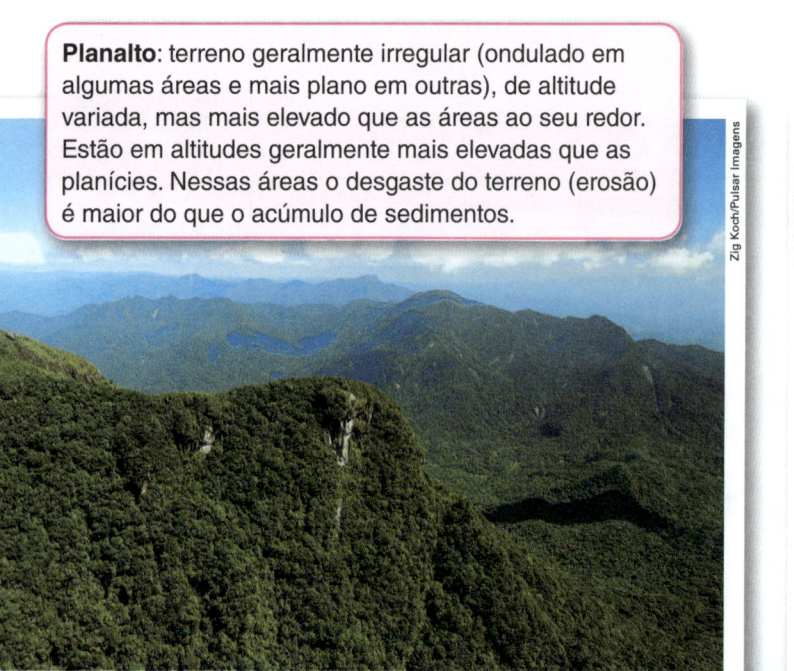

Planalto: terreno geralmente irregular (ondulado em algumas áreas e mais plano em outras), de altitude variada, mas mais elevado que as áreas ao seu redor. Estão em altitudes geralmente mais elevadas que as planícies. Nessas áreas o desgaste do terreno (erosão) é maior do que o acúmulo de sedimentos.

Depressão: área geralmente plana, mais baixa em relação às terras ao seu redor. Pode ser até mais baixa do que o nível do mar.

Serra da Prata (PR), em 2015.

Parque Estadual do Pico do Jabre (PB), em 2014.

Manaus (AM), em 2015.

Planície: terreno geralmente plano (pouco ondulado) e situado em baixa altitude. Nessas áreas, o acúmulo de sedimentos é maior do que a perda.

sedimentos: partículas soltas originadas do desgaste de rochas.

Observe no mapa abaixo a distribuição das formas de relevo no território brasileiro.

Brasil: relevo

Adaptado de: **Geoatlas**, de Maria Elena Simielli. 34. ed. São Paulo: Ática, 2014. p. 114.

ATIVIDADES

1 De acordo com o mapa acima, quais são as formas de relevo encontradas na maior parte do território brasileiro?

_____

2 Que forma de relevo predomina no estado em que você mora?

_____

A NATUREZA TRANSFORMA O RELEVO

As formas do relevo que acabamos de ver não foram sempre assim. Isso porque elas estão em constante processo de transformação, embora não seja possível perceber essas alterações, já que elas ocorrem lentamente, ao longo de milhões de anos.

Mas como será que essas transformações acontecem?

A crosta terrestre é formada por imensas placas que se encaixam, como em um grande quebra-cabeça, e que se movimentam lentamente. Quando essas placas se chocam, por exemplo, elas podem causar terremotos por causa da energia liberada pelo choque, além de dar origem a montanhas, cordilheiras, serras e vulcões, por exemplo, próximo das bordas onde houve o contato das placas.

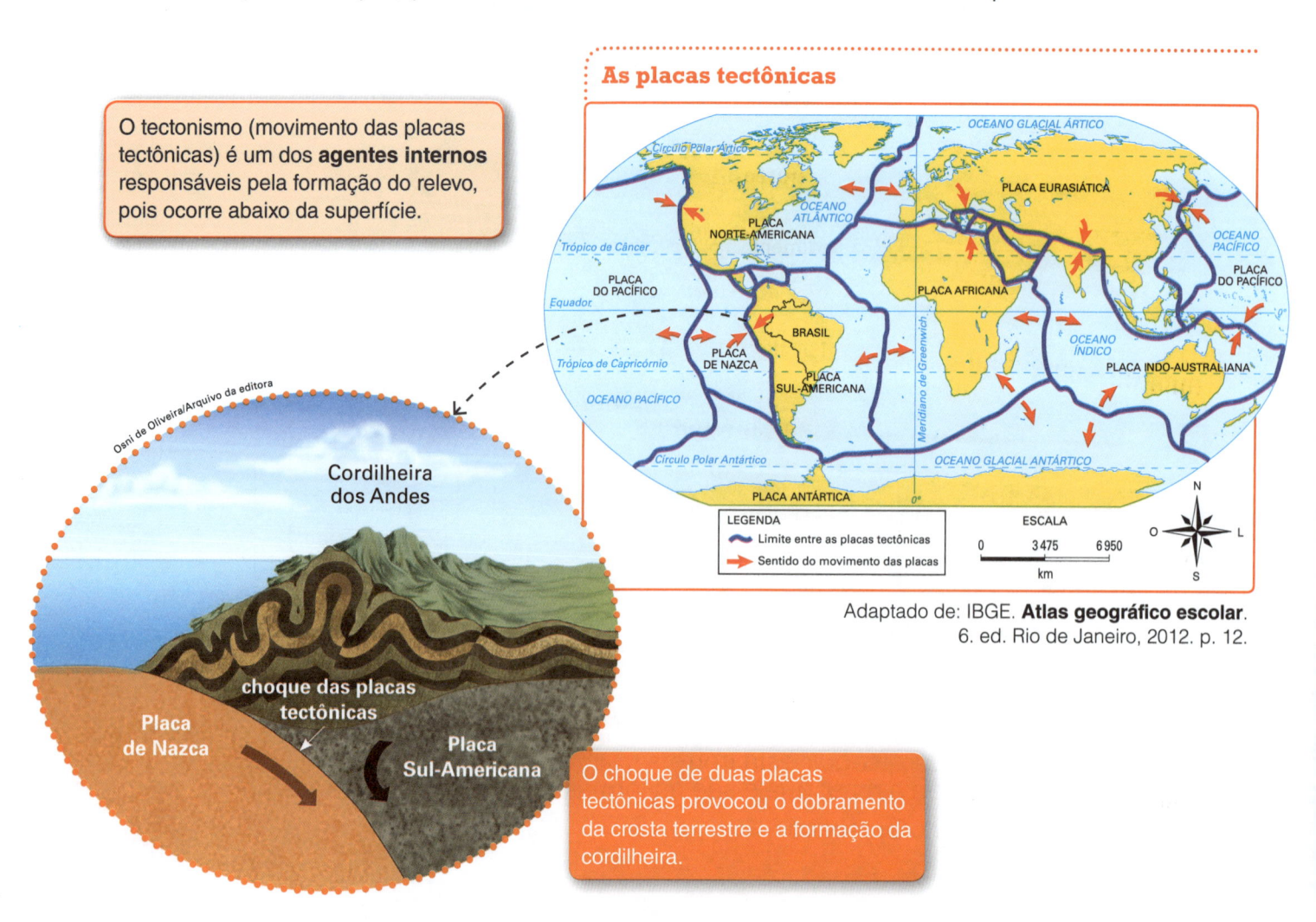

crosta terrestre: camada mais externa da Terra, que forma a superfície do planeta.

O tectonismo (movimento das placas tectônicas) é um dos **agentes internos** responsáveis pela formação do relevo, pois ocorre abaixo da superfície.

As placas tectônicas

Adaptado de: IBGE. **Atlas geográfico escolar**. 6. ed. Rio de Janeiro, 2012. p. 12.

O choque de duas placas tectônicas provocou o dobramento da crosta terrestre e a formação da cordilheira.

Observe que o Brasil está localizado no centro de uma placa tectônica, distante da área de impacto. Por isso os tremores de terra sentidos em nosso país são considerados leves e não causam grandes estragos.

Na superfície terrestre, as variações de temperatura (frio e calor) e a ação da água e dos ventos desgastam e desagregam lentamente as rochas, soltando pequenas partículas. Esse processo é chamado **intemperismo**.

O material originado do desgaste e da desagregação das rochas (areia, por exemplo) é removido e transportado pelo vento, pela água e pela gravidade para as partes mais baixas do terreno. Esse processo é chamado **erosão** e modifica o relevo. É assim que as montanhas são rebaixadas e suas formas vão ficando mais arredondadas, por exemplo.

gravidade: força de atração que a Terra exerce sobre as coisas da superfície.

Depois de transportado, esse material se acumula nas partes mais baixas do terreno e só depois de milhões de anos ele se transforma em rocha novamente, provocando nova alteração no relevo. Esse processo é chamado **sedimentação**.

Observe na ilustração abaixo esses processos que dão novas formas ao relevo.

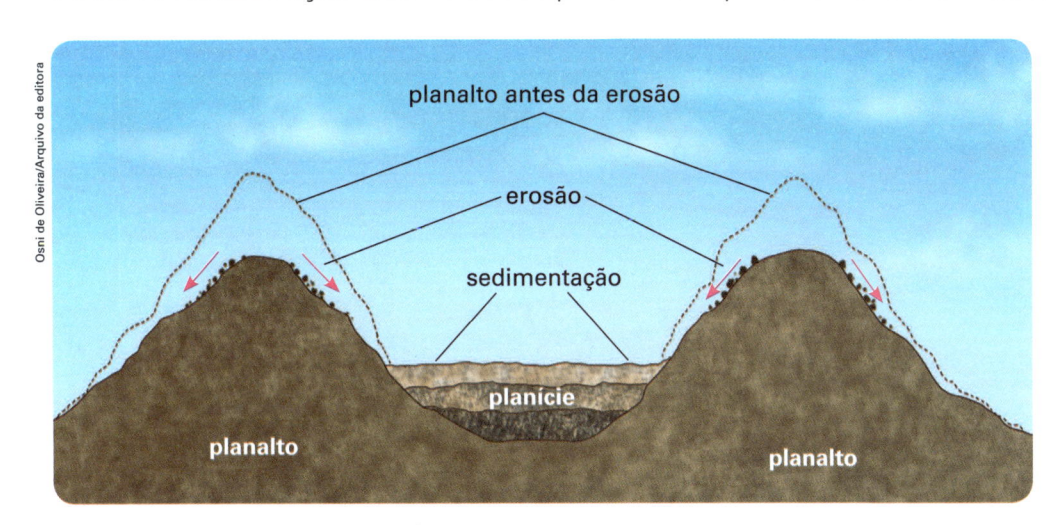

A água da chuva, dos rios e do mar, o vento e a temperatura (calor ou frio) são alguns **agentes externos** responsáveis pela transformação do relevo, pois ocorrem na superfície terrestre. O ser humano também é considerado um agente externo na transformação do relevo.

ATIVIDADES

1 O que é erosão?

_____

_____

2 Em sua opinião, a frase a seguir está correta? Se não, reescreva-a, corrigindo o erro.

> Nos planaltos predomina a sedimentação e nas planícies predomina a erosão.

_____

_____

AS ALTITUDES DO TERRITÓRIO BRASILEIRO

O mapa abaixo é chamado **mapa altimétrico**. Ele representa as diferentes altitudes do território brasileiro. Observe que foram utilizadas cores diferentes para representar cada intervalo de altitude. Leia o mapa com atenção.

Mapa altimétrico do Brasil

Adaptado de: **Geoatlas**, de Maria Elena Simielli. 34. ed. São Paulo: Ática, 2014. p. 112.

Observando o mapa, é possível verificar que o relevo brasileiro apresenta, em geral, baixas altitudes. O ponto mais alto do país é o pico da Neblina, localizado no estado do Amazonas. Ele tem 2 993 metros de altitude. Para se ter uma ideia, o monte Aconcágua, que fica na cordilheira dos Andes, na América do Sul, tem aproximadamente 6 900 metros de altitude e o monte Everest, na Ásia, tem mais de 8 800 metros de altitude.

ATIVIDADES

1 Sobre o mapa altimétrico do Brasil, responda às questões.

a) Como foram representadas as áreas com o mesmo intervalo de altitude?

_____

b) Qual a cor que representa as menores altitudes? Onde elas se encontram?

_____

_____

c) Qual a cor que representa as maiores altitudes? Onde elas se encontram?

_____

_____

d) Qual é o ponto mais alto do território brasileiro? Onde ele se localiza e qual a sua altitude?

_____

_____

2 Complete a ilustração abaixo, inserindo corretamente na legenda as palavras do quadro.

Altura   Altitude   Pico

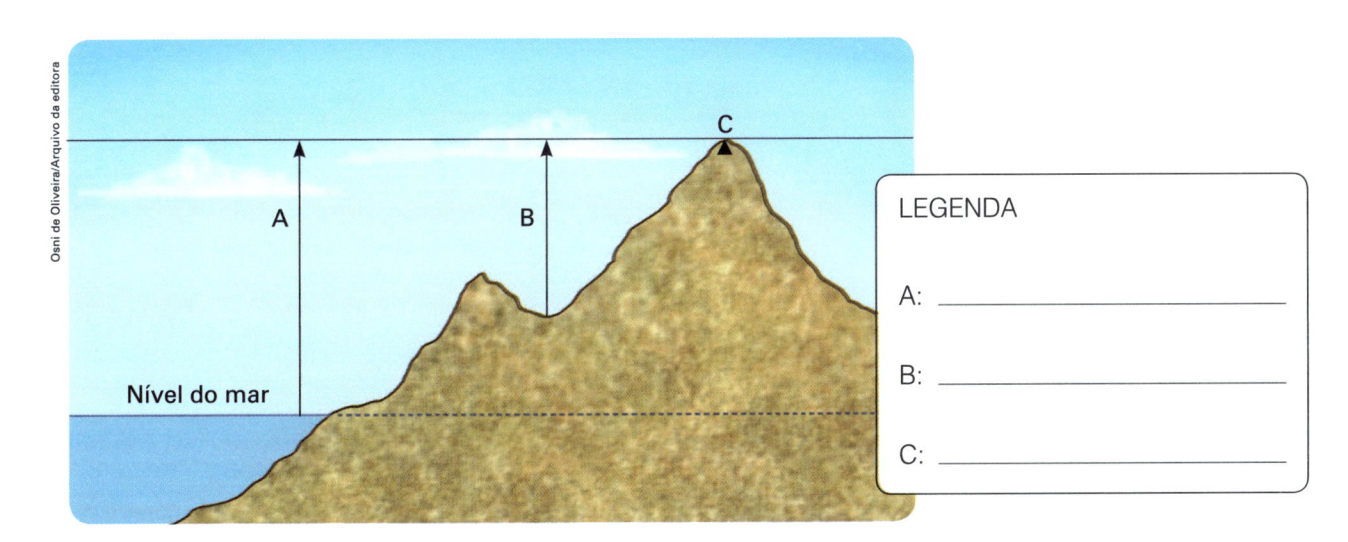

LEGENDA

A: _____

B: _____

C: _____

PRINCIPAIS FORMAS DO LITORAL BRASILEIRO

O Brasil é banhado pelo oceano Atlântico e possui um litoral bastante extenso, com grande diversidade de paisagens.

No contato entre o continente e o oceano, as águas do mar exercem grande poder de erosão e de sedimentação, por causa do movimento das ondas, das marés e das correntes marítimas. Esses processos originam diferentes formas no litoral. As águas dos rios que deságuam no mar também são responsáveis por desenhar os contornos do litoral.

Conheça na ilustração a seguir algumas formas de relevo do litoral.

Baía de Guanabara, no Rio de Janeiro (RJ), em 2015.

Hans Von Manteuffel/Pulsar Imagens

Foz do rio em delta: foz onde um rio deposita sedimentos mais rapidamente do que o oceano consegue remover. Formam-se geralmente em locais onde as marés e as correntes marítimas têm pouca força.

Baía: área da costa com uma entrada em forma de ferradura, por onde o oceano avança.

Praia: depósito de areia ao longo da costa, trazida pelo movimento das marés, das correntes ou dos rios.

Restinga: faixa de areia paralela ao litoral que se forma pela ação das águas do oceano que transportam e depositam sedimentos.

Arquipélago: conjunto de ilhas.

Osni de Oliveira/Arquivo da editora

ATIVIDADES

1 Que estados brasileiros possuem litoral?

_____

_____

2 Que capitais de estado estão no litoral?

_____

_____

3 Você mora em uma cidade litorânea ou conhece alguma? Se você respondeu **sim**, como é o relevo? Se você respondeu **não**, qual gostaria de conhecer? Por quê?

Falésias em Barra de Tabatinga, em Nísia Floresta (RN), em 2014.

Enseada: reentrância da costa, mais aberta em direção ao mar do que a baía, onde o oceano avança pouco.

Falésia: paredão íngreme formado na costa.

Laguna: lagoa de água salgada, que se comunica com o mar através de um pequeno canal.

Cabo: formação de rochas mais resistentes que avançam no mar, salientes em relação à costa.

Península: porção de terra rodeada de oceano por todos os lados menos por um, que é estreito, e o une ao continente. A área que une a península e o continente é chamada **istmo**.

Ilha: parte emersa (acima do nível da água) de uma elevação do relevo do fundo do mar.

A AÇÃO HUMANA NO RELEVO

Entre os agentes externos responsáveis pela transformação do relevo, o ser humano é o que vem promovendo alterações de forma mais acelerada.

Entre as ações que interferem diretamente no relevo, podemos destacar a construção de estradas e túneis, os cortes em terrenos para possibilitar o plantio e as escavações para extração de minérios.

Algumas atividades, porém, causam muitos danos à natureza e às pessoas.

A extração de minério de ferro em Carajás (PA) vem alterando completamente o relevo da região, além de destruir a vegetação natural e alterar cursos de água. Fotografia de 2012.

Corte no relevo para construção da BR-146, em Guaxupé (MG), em 2013.

A ocupação dos morros

Em algumas cidades é comum a construção de moradias em terrenos muito inclinados, o que contribui para a ocorrência de deslizamentos de terra. Os deslizamentos são fenômenos naturais, mas que são agravados pela ocupação humana. Para construir, a vegetação é retirada e o solo fica desprotegido. Na época de chuvas fortes, a água carrega o solo e tudo o que estiver sobre ele morro abaixo, destruindo as construções e pondo em risco a vida das pessoas.

Deslizamento de terra em Salvador (BA), em 2015.

ATIVIDADES

- Leia a frase abaixo, observe a fotografia e depois responda às questões propostas.

> O ser humano modifica o relevo para atender às suas necessidades.

Rodovia Governador Carvalho Pinto (SP), em 2014.

a) Qual a modificação feita pelo ser humano mostrada na fotografia?

_____

b) Que necessidade o ser humano procurou atender ao fazer essa modificação?

_____

ATIVIDADES DO CAPÍTULO

1. Como a natureza transforma o relevo da superfície terrestre?
   _____
   _____

2. Além da natureza, o que mais pode alterar o relevo da superfície terrestre?
   _____
   _____

3. Observe as cenas abaixo.

   - Em sua opnião, em qual delas é mais provável que as moradias sejam atingidas por um deslizamento? Explique sua resposta.
   _____
   _____

4. Por que podemos dizer que o ser humano é o agente externo que tem promovido alterações na paisagem de forma mais acelerada?
   _____
   _____
   _____

5. Leia as frases e reescreva as que estiverem incorretas, corrigindo-as.

   a) As principais formas do relevo brasileiro são planaltos, planícies e depressões.

   _____

   _____

   b) A erosão é um processo de deposição de sedimentos.

   _____

   _____

   c) Somente agentes naturais agem sobre a superfície, alterando as formas do relevo.

   _____

   _____

6. Observe as imagens abaixo e identifique as formas de relevo representadas.

Tramandaí (RS), em 2014.

Lençóis (BA), em 2015.

103

CAPÍTULO 9

A VEGETAÇÃO, OS RIOS E AS PAISAGENS

OS TIPOS DE VEGETAÇÃO DO BRASIL

A vegetação é um dos elementos naturais que compõem uma paisagem.

No território brasileiro existe uma diversidade grande de tipos de vegetação em função, principalmente, dos diferentes tipos de clima, mas também da variedade de formas de relevo e solos. Observe no mapa abaixo os tipos de vegetação original do Brasil.

vegetação original: vegetação natural que não sofreu alteração.

Campos: vegetação formada por plantas rasteiras.

Campos de Cima da Serra (RS), em 2015.

Mata Atlântica: possui variedade de plantas, com predomínio de árvores; adaptada à grande quantidade de chuva ao longo do ano.

Morretes (PR), em 2015.

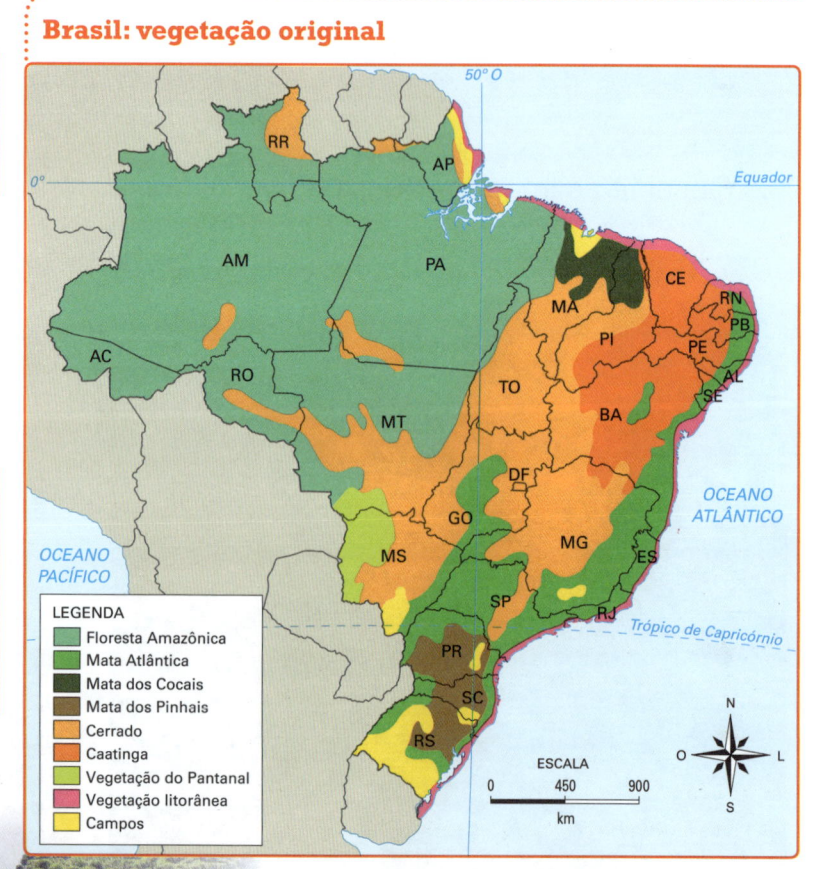

Brasil: vegetação original

LEGENDA
- Floresta Amazônica
- Mata Atlântica
- Mata dos Cocais
- Mata dos Pinhais
- Cerrado
- Caatinga
- Vegetação do Pantanal
- Vegetação litorânea
- Campos

ESCALA
0 450 900
km

Adaptado de: **Geoatlas**, de Maria Elena Simielli. 34. ed. São Paulo: Ática, 2014. p. 120.

Mata dos Pinhais: conhecida também como Floresta das Araucárias, desenvolve-se em regiões de clima mais frio.

São Joaquim (SC), em 2015.

Caatinga: vegetação onde predominam os arbustos; adaptada a um clima quente e seco.

Cabaceiras (PB), em 2015.

Cerrado: vegetação adaptada a áreas quentes e com períodos secos e períodos de chuva ao longo do ano. É composta de vegetação rasteira, arbustos baixos e árvores distantes umas das outras.

Alto Paraíso de Goiás (GO), em 2015.

Vegetação do Pantanal: é composta de espécies do Cerrado, da Floresta Amazônica e dos Campos. No período chuvoso, parte dessa região fica inundada pelas águas do rio Paraguai.

Aquidauana (MS), em 2015.

Mata dos Cocais: é formada por palmeiras, como o babaçu e a carnaúba.

Nazaria (PI), em 2015.

Floresta Amazônica: vegetação densa, com árvores grandes e bastante variada; adaptada ao clima quente e com bastante chuva ao longo do ano.

Alta Floresta (MT), em 2014.

Vegetação litorânea: é composta de manguezais e restingas. Nos mangues predominam árvores e arbustos adaptados à água salgada (o solo é periodicamente encharcado pela água do mar). Já na restinga, que cobre as planícies litorâneas, predominam as plantas rasteiras, que vivem no solo **arenoso**. Nas grandes extensões aparecem pequenas árvores.

Manguezal em Cairu (BA), em 2015.

ATIVIDADES

- Observe atentamente o mapa da página ao lado e responda: qual é a vegetação que ocupava a maior área do território brasileiro? E no estado em que você mora?

arenoso: composto de areia.

OS RIOS DO BRASIL

Os rios também são elementos naturais das paisagens.

A água presente nos rios representa uma pequena parte da água doce disponível no nosso planeta. Grande parte está nas geleiras e nos aquíferos.

O Brasil é um dos países que possui a maior quantidade de água doce disponível, pois seu território tem uma extensa rede hidrográfica e muita água armazenada no subsolo.

Além de ser uma importante reserva de água doce para consumo do ser humano (após seu tratamento), os rios também servem para irrigar plantações, produzir energia por meio das usinas hidrelétricas e como via de transporte, por exemplo. Eles são, portanto, fundamentais para a realização de diversas atividades humanas.

Veja no gráfico a seguir quais são os rios mais extensos do Brasil.

geleiras: massas de gelo que se formam nas regiões polares.

aquíferos: grandes reservas subterrâneas de água doce.

rede hidrográfica: conjunto de rios e seus afluentes.

Balsa no rio Amazonas, em 2015.

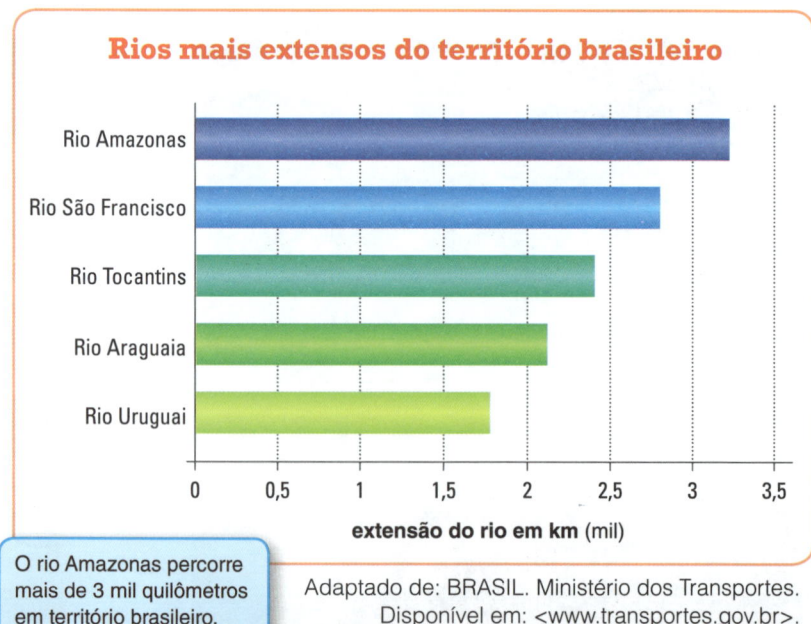

Rios mais extensos do território brasileiro

- Rio Amazonas
- Rio São Francisco
- Rio Tocantins
- Rio Araguaia
- Rio Uruguai

extensão do rio em km (mil)

O rio Amazonas percorre mais de 3 mil quilômetros em território brasileiro.

Adaptado de: BRASIL. Ministério dos Transportes. Disponível em: <www.transportes.gov.br>. Acesso em: 2 dez. 2014.

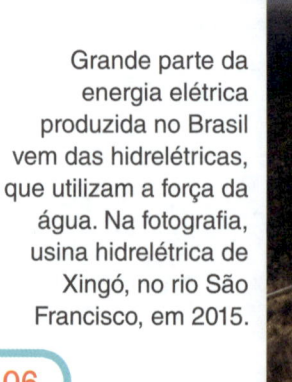

Grande parte da energia elétrica produzida no Brasil vem das hidrelétricas, que utilizam a força da água. Na fotografia, usina hidrelétrica de Xingó, no rio São Francisco, em 2015.

Os rios e as cidades

Todo rio possui uma várzea, área que inunda no período de chuva, por causa do aumento do volume de água em seu leito. Nas grandes cidades as várzeas dos rios foram ocupadas por construções, vias asfaltadas e outras obras. Isso tem provocado sérios problemas para a população, pois no período de chuva a água dos rios ocupa sua várzea e invade residências e comércios e interdita avenidas. Além disso, a maior parte da superfície da cidade é revestida de asfalto e cimento, que impedem a infiltração da água da chuva. Assim, quando chove, um volume ainda maior de água chega nos rios, aumentando ainda mais a área inundada por eles.

Alagamento das pistas da marginal do rio Tietê em São Paulo (SP), em 2016.

ATIVIDADES

1 De acordo com gráfico da página ao lado, qual é o maior rio que percorre o território brasileiro? Qual é a sua extensão aproximada?

_____

2 Leia abaixo um trecho da reportagem sobre as chuvas em Minas Gerais no verão de 2016. Depois responda às questões.

> A água que transbordou no córrego Danta, no município que tem o mesmo nome, baixou devido ao ritmo de chuvas que também diminuiu na região. Os mais de 500 moradores que estavam ilhados agora conseguem passar de um bairro para outro sem transtornos.
>
> Reportagem do *site* G1. Disponível em: <http://g1.globo.com/mg/centro-oeste/noticia/2016/01/rio-sao-francisco-sobe-200-e-vazao-da-casca-danta-triplica-apos-chuvas.html>. Acesso em: 11 fev. 2016.

córrego: rio pequeno.

a) Qual a relação entre as chuvas e o volume de água de um rio?

b) Qual o problema causado pela enchente do rio relatado na reportagem?

3 Na cidade em que você mora ocorrem enchentes? Converse com seus familiares e vizinhos sobre as possíveis causas das enchentes. Faça suas anotações no caderno. Depois traga para a sala de aula as informações obtidas e compartilhe com os colegas e o professor.

AS MATAS CILIARES

Você já ouviu falar em mata ciliar? Leia o texto abaixo sobre a importância das matas ciliares e sua relação com os rios.

Mata ciliar: corredor da natureza

A mata ciliar é uma das formações vegetais mais importantes para a preservação da vida e da natureza. O próprio nome já indica isso: assim como os cílios protegem nossos olhos, a mata ciliar serve de proteção aos rios e córregos. Simplificadamente, podemos dizer que a mata ciliar é a formação vegetal que cresce às margens dos cursos d'água. [...]

A mata ciliar funciona como um obstáculo contra o assoreamento dos rios, ou seja, segura a terra das margens para que ela não caia dentro deles. Essa terra poderia matar as espécies que vivem no fundo dos cursos d'água ou torná-los barrentos, dificultando a entrada da luz solar, necessária para alguns organismos que vivem nos rios e que servem de alimento aos peixes.

Quando chove, a mata ciliar também impede que uma quantidade muito grande de água caia de uma vez só no rio, e assim evita as enchentes. A água das chuvas também pode trazer diversas substâncias estranhas, como excesso de adubos e outros produtos químicos aplicados nas áreas de cultivo. A vegetação também retém uma parte destas substâncias, evitando a contaminação dos rios que protege.

A mata que se forma às margens dos rios também serve de abrigo aos animais, que podem se reproduzir ali e também se alimentar dessas plantas. Esses animais também podem utilizar a mata ciliar como um corredor entre florestas distantes entre si, sem precisar cruzar campos cultivados e, com isso, arriscar a vida. Os peixes também acabam se servindo das árvores, que fornecem alimento e criam na região do rio um clima onde são menores as variações de temperatura. [...]

Mata ciliar: corredor da natureza, de Daniel Perdigão Nass. Disponível em: <www.cdcc.sc.usp.br/ciencia/artigos/art_14/mataciliar.html>. Acesso em: 11 fev. 2016.

- Procure o significado das palavras do texto que você não conhece. Faça suas anotações no caderno.

Por causa de sua importância, as matas ciliares são protegidas por uma lei chamada **Código Florestal**.

Apesar disso, a matas ciliares vêm desaparecendo rapidamente pela ação do ser humano. A ocupação das várzeas dos rios por plantações e pastagens são algumas das causas da sua destruição.

Margens do rio Pardo com mata ciliar preservada, em Pontal (SP), em 2013.

ATIVIDADES

- Observe a imagem abaixo e depois responda às questões.

Encontro dos rios Poti (à esquerda) e Parnaíba (à direita), em Teresina (PI), em 2015.

a) Os rios da imagem apresentam mata ciliar?

_____

_____

b) Qual é a importância da mata ciliar?

_____

_____

LEITURA DE IMAGEM

O SER HUMANO E A NATUREZA

As modificações feitas pelo ser humano na paisagem podem trazer prejuízos à natureza e às pessoas. O que podemos fazer para diminuir esses efeitos?

Algumas ONGs se dedicam a lutar pela preservação da natureza e buscam a participação da população. Você imagina como isso é feito?

OBSERVE

> **ONGs:** Organizações Não Governamentais; organizações sem fim lucrativo que atuam em diversos setores, como preservação do meio ambiente e saúde das pessoas.

Imagem de campanha da ONG SOS Mata Atlântica.

1. O que você observa na imagem? Faça uma descrição dela.

   _____
   _____
   _____
   _____

2. O que chama a sua atenção nela?

   _____
   _____

ANALISE

3. Em sua opinião, o que a árvore está representando?

   _____

4. Como as raízes da árvore estão representadas?

   _____
   _____

5. Em sua opinião, por que elas foram representadas dessa forma?

   _____
   _____
   _____

RELACIONE

6. Descubra, por meio de uma pesquisa ou conversando com familiares que moram com você, algum problema do bairro ou da cidade onde mora. Depois crie uma campanha para chamar a atenção dos moradores sobre o problema, utilizando uma imagem como foco principal, assim como fez a SOS Mata Atlântica. Pense que você e os outros moradores podem ajudar a resolvê-lo!

ATIVIDADES DO CAPÍTULO

1. Observe os mapas abaixo e depois responda às questões.

Brasil: vegetação original

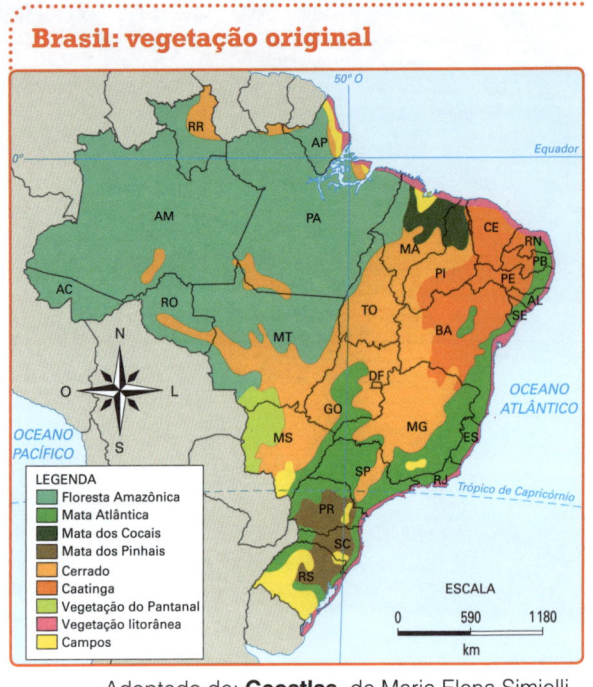

Adaptado de: **Geoatlas**, de Maria Elena Simielli. 34. ed. São Paulo: Ática, 2014. p. 121.

Brasil: vegetação atual

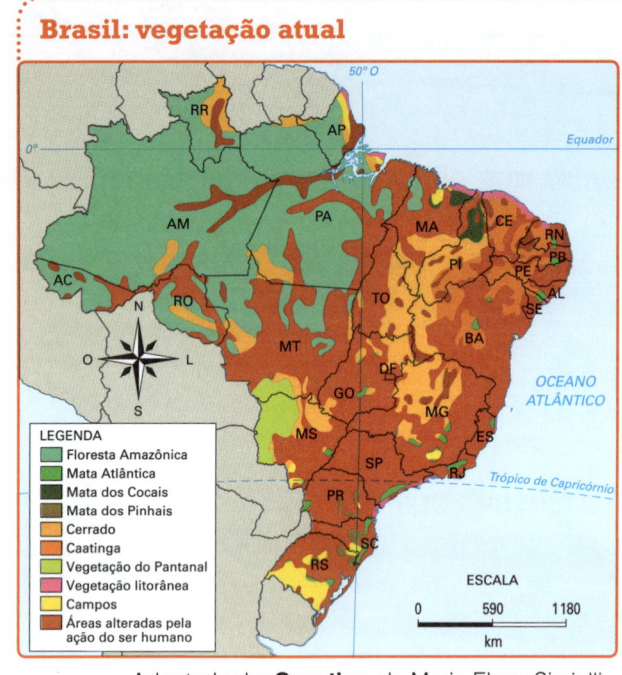

Adaptado de: **Geoatlas**, de Maria Elena Simielli. 34. ed. São Paulo: Ática, 2014. p. 121.

a) Comparando os dois mapas, o que é possível concluir sobre a vegetação natural no Brasil?

_____

_____

b) Que tipos de vegetação foram mais destruídos pela ação humana?

_____

c) Que vegetação foi menos destruída?

_____

d) Que vegetação vem sendo destruída desde a época em que os colonizadores portugueses chegaram ao Brasil?

_____

2. Observe abaixo o mapa da rede hidrográfica do Brasil e localize os rios mais extensos, de acordo com o gráfico da página 106. Depois responda às questões.

Brasil: rede hidrográfica

Adaptado de: IBGE. **Atlas geográfico escolar**. 6. ed. Rio de Janeiro, 2012. p. 105.

a) No Brasil existem rios perenes e rios temporários. Faça uma pesquisa e descubra o significado dessas palavras. Anote suas descobertas no caderno. Depois compartilhe as informações com os colegas e o professor.

b) Onde os rios temporários estão localizados?

c) Em sua opinião, existe relação entre a localização dos rios temporários e o clima semiárido? Reveja na página 87 o mapa de climas do Brasil.

ENTENDER O ESPAÇO GEOGRÁFICO

MAPA DE PREVISÃO DO TEMPO

Diversos meios de comunicação, como os jornais, a televisão e a internet, diariamente apresentam a previsão do tempo. Geralmente as informações são apresentadas em um mapa. Você já viu algum? Você sabe o que cada informação representa? Veja abaixo o mapa da previsão do tempo para o Brasil.

Brasil: previsão do tempo nas capitais para 9 de outubro de 2015

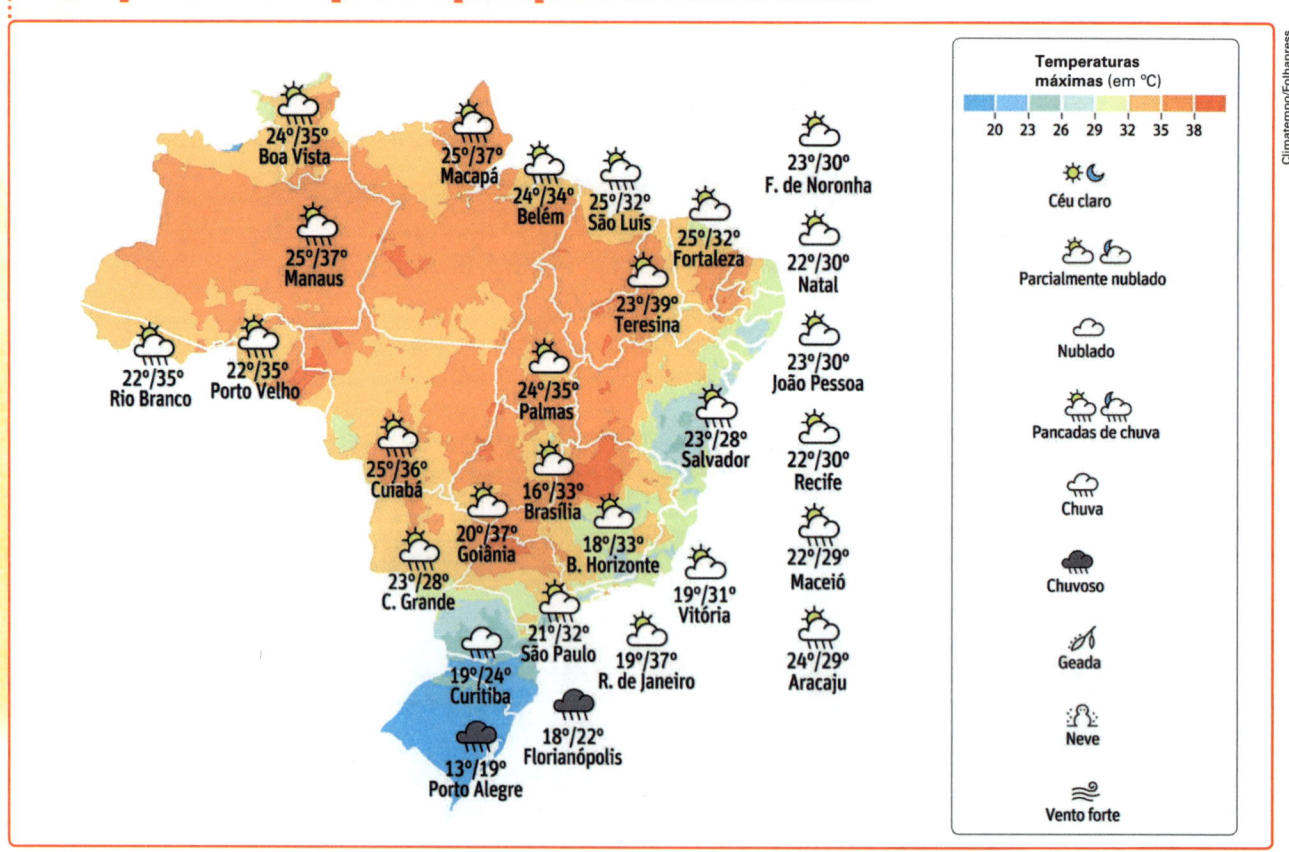

Adaptado de: **Folha de S.Paulo**, São Paulo, 9 out. 2015.

Lembre-se da diferença entre tempo atmosférico e clima. Se necessário, releia a página 86.

Como as condições atmosféricas mudam constantemente, os mapas apresentam as informações atualizadas a cada dia. Além disso, eles indicam uma previsão do que poderá acontecer ao longo do dia nas capitais brasileiras.

1. A previsão do tempo apresentada no mapa ao lado foi feita para qual dia?
   _____

2. O que representam as cores no mapa? E os símbolos? Como você descobriu isso?
   _____
   _____

3. O que representam os números?
   _____
   _____

4. Em que capitais a previsão indicava tempo chuvoso? E céu claro?
   _____
   _____

5. Para qual capital estava prevista a temperatura mais alta?

   ☐ Curitiba   ☐ Cuiabá   ☐ Teresina

6. E a mais baixa?

   ☐ São Paulo   ☐ Porto Alegre   ☐ Maceió

7. Em quais regiões do Brasil ficam essas capitais?
   _____

🔊 8. Em sua opinião, é possível perceber alguma relação entre as informações do mapa de previsão do tempo da página ao lado e os climas do Brasil?

🔊 9. Em sua opinião, como os mapas de previsão do tempo podem ajudar as pessoas a organizar suas atividades diárias? Converse com o professor e os colegas.

LER E ENTENDER

Nesta seção, vamos ler um **folheto**. Você sabe o que é um folheto? Que tipo de informações ele pode trazer? Você já recebeu algum? Se sim, sobre o que falava?

Leia o folheto abaixo e descubra do que ele trata e como se organiza.

Pratique o uso racional da água e ajude a preservar nossos mananciais

Água, sabendo usar não vai faltar!

Represa Areia Branca

Confira algumas dicas de economia:

NÃO LAVE O CARRO
Evite lavar o veículo. Quando precisar, use um balde, não utilize a mangueira. Assim, você economiza em média 560 litros de água.

NÃO LAVE CALÇADAS
O correto é utilizar a vassoura para limpar a calçada, o que permite que você economize água e tempo.

Encha a pia para esfregar pratos e talheres. A economia será de 10 litros de água por dia.

REDUZA O TEMPO NO CHUVEIRO
Reduza pela metade o tempo no banho. Assim, economizará 30 a 80 litros de água a cada banho.

REUTILIZE A ÁGUA PARA LAVAR O QUINTAL
Máquinas de lavar louças e roupas devem ser usadas totalmente cheias. Com isso, a frequência de uso é menor e há menos desperdício de água e energia.

ATENÇÃO A VAZAMENTOS DE ÁGUA
Vazamento em torneiras, em canos e nas descargas do banheiro devem ser consertados assim que detectados. Alguns tipos de vazamentos causam uma perda diária de 24 litros de água. A perda mensal fica em torno de 720 litros.

DAE Santa Bárbara d'Oeste
Prefeitura Municipal de Santa Bárbara d'Oeste - www.santabarbara.sp.gov.br
DAE (Departamento de Água e Esgoto) - www.daesbo.sp.gov.br

Município de Santa Bárbara d'Oeste

Departamento de Água e Esgoto de Santa Bárbara d'Oeste/Prefeitura Municipal de Santa Bárbara d'Oeste.

- Liste abaixo as palavras que você não conhece. Depois pesquise o significado delas em um dicionário.

_____
_____
_____
_____

ANALISE

1. Qual é o assunto tratado no folheto?

2. O folheto é um texto formado por linguagem não verbal (imagens) e por linguagem verbal (palavras). Sabendo disso, responda:

   a) Qual é a função das imagens no folheto?

   _____

   b) Se o folheto fosse formado só por texto, você acha que ele atrairia a atenção dos leitores?

3. As imagens a seguir, presentes no folheto, fazem referência a diferentes órgãos. Quais são eles? Por que eles aparecem no folheto?

4. Em sua opinião, esse folheto foi feito para quem?

5. De acordo com as respostas que você deu às questões anteriores, para que serve um folheto informativo?

   ☐ Para indicar a localização de um lugar.

   ☐ Para contar uma história.

   ☐ Para informar, divulgar, educar e convencer.

RELACIONE

6. Mesmo sabendo que o Brasil possui uma extensa rede de drenagem, você acha importante utilizar a água sem desperdício?

7. Você e sua família costumam utilizar a água seguindo alguma dica apresentada no folheto? Você conhece outras formas de utilizar a água sem desperdício?

O QUE APRENDI?

Agora é hora de retomar as discussões desta Unidade. Vamos lá?

1. Descreva a paisagem da abertura da Unidade utilizando as palavras abaixo.

   Paisagem   Vegetação   Rio   Relevo

   _____
   _____
   _____
   _____

2. Explique a frase abaixo:

   > O relevo terrestre está em constante processo de formação e transformação.

   _____
   _____
   _____

3. Pinte o mapa abaixo diferenciando as zonas climáticas do planeta e complete a legenda. Depois responda às questões.

Zonas climáticas do planeta

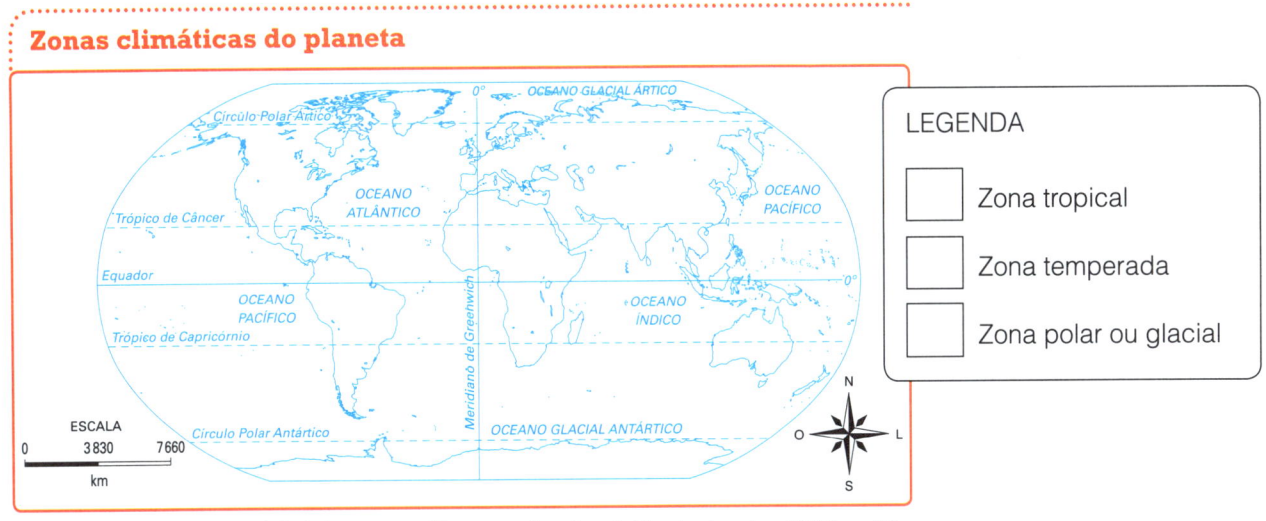

LEGENDA

☐ Zona tropical

☐ Zona temperada

☐ Zona polar ou glacial

Mapa adaptado de: IBGE. **Atlas geográfico escolar**. 6. ed. Rio de Janeiro, 2012. p. 58.

🔊 **a)** O que determina as zonas climáticas do nosso planeta?

🔊 **b)** Qual é a relação entre as zonas climáticas da Terra e os climas do Brasil?

🔊 **4.** Compare os mapas de clima e de vegetação original do Brasil, reproduzidos abaixo.

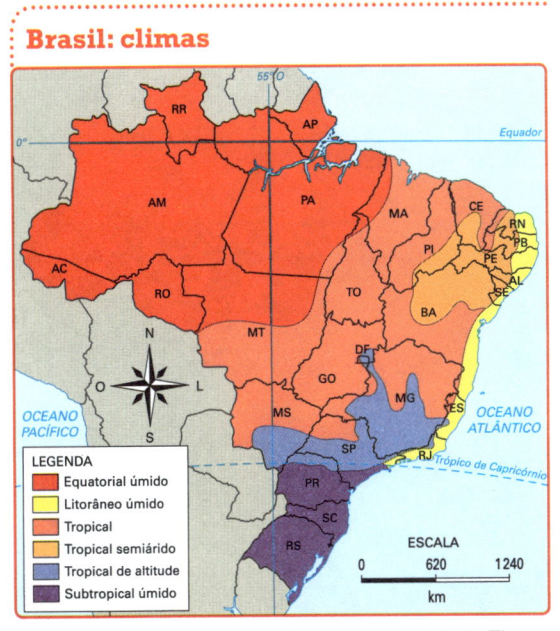

Brasil: climas

LEGENDA
- Equatorial úmido
- Litorâneo úmido
- Tropical
- Tropical semiárido
- Tropical de altitude
- Subtropical úmido

Adaptado de: **Geoatlas**, de Maria Elena Simielli. 34. ed. São Paulo: Ática, 2014. p. 118.

Brasil: vegetação original

LEGENDA
- Floresta Amazônica
- Mata Atlântica
- Mata dos Cocais
- Mata dos Pinhais
- Cerrado
- Caatinga
- Vegetação do Pantanal
- Vegetação litorânea
- Campos

Adaptado de: **Geoatlas**, de Maria Elena Simielli. 34. ed. São Paulo: Ática, 2014. p. 120.

• Em sua opinião, é possível estabelecer uma relação entre eles? Converse com o professor e os colegas.

119

UNIDADE 4

A POPULAÇÃO BRASILEIRA E SUAS ATIVIDADES

Carnaval de rua em Olinda, no estado de Pernambuco, em 2016.

- O que você observa nesta imagem?
- O que as pessoas estão fazendo?

CAPÍTULO 10

A POPULAÇÃO BRASILEIRA

A OCUPAÇÃO DO TERRITÓRIO

A população brasileira é formada por todas as pessoas que vivem no território brasileiro. Em 2015 a população brasileira era de aproximadamente 204 milhões de pessoas, segundo o IBGE. Podemos dizer que o Brasil é um país **populoso** porque tem um grande número de habitantes.

Mas como será que a população está distribuída no território? Observe o mapa abaixo.

Brasil: distribuição da população

LEGENDA
- Áreas com maior concentração de pessoas
- Áreas com menor concentração de pessoas
- ■ Capital do país
- ■ Capital de estado

ESCALA
0 — 390 — 780 km

Adaptado de: **Atlas geográfico espaço mundial**, de Graça Maria Lemos Ferreira. São Paulo: Moderna, 2013. p. 131.

Observando o mapa é possível identificar áreas com maior concentração de pessoas (mais povoadas) e outras com menor concentração (menos povoadas). Por isso podemos dizer que o Brasil não é povoado de maneira uniforme. Observe as ilustrações abaixo e entenda melhor esse conceito.

Concentração maior de pessoas (mais povoado)

Concentração menor de pessoas (menos povoado)

Ilustrações: Ilustra Cartoon/Arquivo da editora

ATIVIDADES

1 Com base no mapa da página ao lado, é correto afirmar que a maioria das capitais está localizada:

☐ nas áreas de maior concentração de pessoas.

☐ nas áreas de menor concentração de pessoas.

2 Como você estudou na Unidade 2, a ocupação portuguesa das terras que hoje são o Brasil teve início no litoral, com a fundação de povoados e vilas. Com base nessa informação, responda:

a) Em sua opinião, existe relação entre a localização de algumas capitais e a história de ocupação do território?

_____

_____

b) Por que as áreas do interior do território têm menor concentração de pessoas?

_____

_____

A COMPOSIÇÃO ÉTNICA

etnias: grupos sociais que possuem uma cultura comum.

A população brasileira é formada pela mistura de vários povos de etnias diferentes.

De modo geral, podemos dizer que a composição étnica brasileira atual tem origem em três principais grupos: indígenas, negros africanos e brancos europeus. Os indígenas habitavam o território antes da chegada do colonizador português. Os negros foram trazidos à força da África como escravos. Os europeus que vieram para o Brasil inicialmente eram portugueses; posteriormente vieram franceses, holandeses, italianos, espanhóis e outros povos, além dos orientais e americanos.

A mistura desses grupos originou a grande diversidade da população brasileira, presente em nossos costumes e características físicas.

Observe a tabela abaixo, que mostra dados aproximados da composição étnica da população brasileira, segundo o último Censo demográfico do IBGE.

Brasil: etnia da população (2010)

Brancos	91 milhões de pessoas
Pardos	82 milhões de pessoas
Pretos	15 milhões de pessoas
Amarelos	2 milhões de pessoas
Indígenas	817 mil pessoas

Em 2010 a população brasileira era de aproximadamente 191 milhões de pessoas.

Adaptado de: IBGE. **Censo demográfico 2010**. Disponível em: <http://biblioteca.ibge.gov.br/visualizacao/periodicos/94/cd_2010_religiao_deficiencia.pdf>. Acesso em: 10 mar. 2016.

Segundo o IBGE, os pardos são aquelas pessoas que possuem mistura de cores de pele. Podem ser chamadas de mulatas (descendentes de brancos e negros), caboclas (descendentes de brancos e indígenas), cafuzas (descendentes de negros e indígenas) ou mestiças. Os amarelos são as pessoas de origem oriental (japoneses, chineses e coreanos, por exemplo).

ATIVIDADES

1 Com base nos dados da tabela da página ao lado, responda:

a) Segundo a classificação do IBGE, qual etnia tem menor participação na composição da população brasileira?

b) Em sua opinião, o que representa o grande número de pardos na população brasileira?

c) É correto dizer que a maioria da população brasileira é branca? Por quê?

d) Com base no que você estudou até agora, em sua opinião, por que o número de indígenas é tão pequeno?

2 Observe a pintura ao lado. Em sua opinião, o que ela pode revelar sobre a mistura de etnias da população brasileira?

Redenção de Cã, pintura de Modesto Brocos y Gómez, feita em 1895. Óleo sobre tela, 199 cm × 166 cm.

O CRESCIMENTO DA POPULAÇÃO BRASILEIRA

O primeiro Censo demográfico brasileiro foi realizado em 1872. De lá para cá, a cada dez anos, vem sendo realizada a contagem da população. Por isso podemos conhecer como tem sido a evolução do número de habitantes de nosso país. Veja os dados do gráfico abaixo.

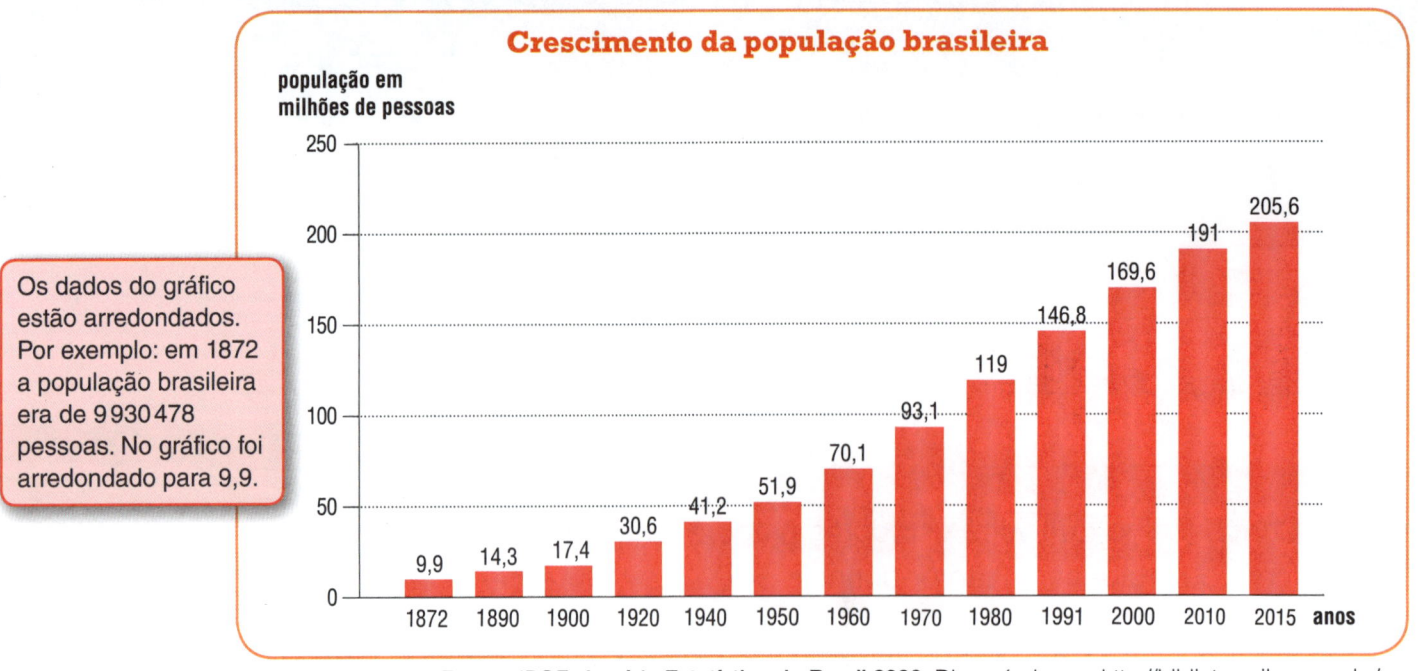

Crescimento da população brasileira

população em milhões de pessoas

Ano	População
1872	9,9
1890	14,3
1900	17,4
1920	30,6
1940	41,2
1950	51,9
1960	70,1
1970	93,1
1980	119
1991	146,8
2000	169,6
2010	191
2015	205,6

Os dados do gráfico estão arredondados. Por exemplo: em 1872 a população brasileira era de 9 930 478 pessoas. No gráfico foi arredondado para 9,9.

Fontes: IBGE. **Anuário Estatístico do Brasil 2000**. Disponível em: <http://biblioteca.ibge.gov.br/visualizacao/periodicos/20/aeb_2000.pdf>. Acesso em: 1º mar. 2016; IBGE. Disponível em: <www.ibge.gov.br/apps/populacao/projecao/>. Acesso em: 1º mar. 2016.

O que podemos descobrir sobre o crescimento da população brasileira observando o gráfico? Observando o tamanho das colunas podemos notar que elas foram ficando mais altas. Isso quer dizer que a população sempre apresentou crescimento. Mas se você observar com atenção verá que esse crescimento aconteceu em ritmos diferentes. Veja por exemplo quanto a população cresceu de 1890 a 1900 e de 1970 a 1980.

Alguns fatores explicam o rápido crescimento da população em um período da nossa história:

- alguns serviços como a distribuição de água e coleta de esgoto melhoraram muito as condições de saúde, reduzindo o número de doenças e mortes;
- avanços na medicina e melhoria nos medicamentos e vacinas reduziram também o número de mortes por várias doenças;

imigrantes: pessoas que entram em um país estrangeiro com o objetivo de morar ou trabalhar.

A população brasileira cresceu em ritmo acelerado até o final do século 20 porque o número de nascimentos era muito maior que o número de mortes e porque entraram muitos imigrantes no país.

Esse crescimento populacional, porém, tem ocorrido em um ritmo mais lento nos últimos anos, porque o número de pessoas que nascem tem diminuído. Alguns fatores explicam essa diminuição, entre eles a redução do número médio de filhos por mulher, por causa da maior participação delas no mercado de trabalho e do uso de métodos que evitam a gravidez, como a pílula anticoncepcional.

Família brasileira de Belém (PA). Fotografia de 1915.

A população brasileira vem crescendo em ritmo mais lento porque o número de pessoas que nascem tem diminuído (o número de nascimentos é um pouco maior que o número de mortes) e porque o número de imigrantes não é tão grande.

Família brasileira de Palmeira dos Índios (AL). Fotografia de 2015.

ATIVIDADES

1 Complete a sentença matemática utilizando os sinais do quadro abaixo.

+ − =

| Número de pessoas que nascem | | Número de pessoas que morrem | | Entrada de imigrantes | | Crescimento da população |

2 Com base no que você aprendeu e observando as fotos acima é correto dizer que, com a diminuição do número de filhos por mulher, está havendo uma redução no número de pessoas em cada família? Converse com o professor e os colegas.

A POPULAÇÃO RURAL E URBANA

Você acha que no Brasil a maioria da população vive no campo ou na cidade? Observe os dados do gráfico abaixo.

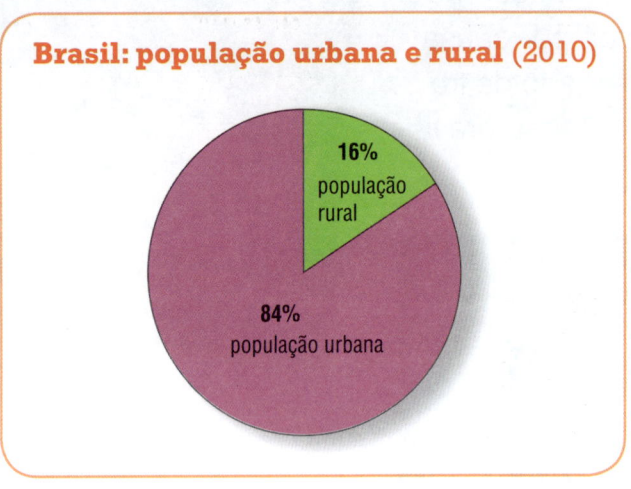

Brasil: população urbana e rural (2010)

- 16% população rural
- 84% população urbana

Este é um **gráfico de setores**. Você sabe o que ele está representando? Ele mostra que a cada 100 habitantes 84 moram na cidade e 16 moram no campo.

Adaptado de: IBGE. **Censo Demográfico 2010**. Disponível em: <http://biblioteca.ibge.gov.br/visualizacao/periodicos/94/cd_2010_religiao_deficiencia.pdf>. Acesso em: 10 mar. 2016.

De acordo com os dados do gráfico acima, a maior parte da população brasileira vive em cidades atualmente. Mas isso não foi sempre assim. Até aproximadamente 1960, a maior parte da população vivia no campo, pois as atividades agrícolas eram as mais importantes e as que empregavam mais gente. Com o desenvolvimento das indústrias e o crescimento das cidades, a população urbana teve um grande crescimento. Observe o gráfico de colunas abaixo.

Evolução da população urbana e rural no Brasil

população em milhões de pessoas

anos	urbana	rural
1950	18,8	33,2
1960	31,3	38,8
1970	52,1	41,1
1980	80,4	38,6
1991	111	35,8
2000	137,9	31,8
2010	160,9	29,8

Observe que este gráfico traz as informações da população urbana e rural de vários anos no Brasil (de 1950 a 2010).

Adaptado de: IBGE. **Censo demográfico 2010**. Disponível em: <http://biblioteca.ibge.gov.br/visualizacao/periodicos/94/cd_2010_religiao_deficiencia.pdf>. Acesso em: 10 mar. 2016.

A migração rural – urbana

O deslocamento de pessoas do campo para a cidade, chamado **êxodo rural**, sempre ocorreu no Brasil, mas durante um período da nossa história ele foi mais intenso. Por que isso aconteceu?

A partir dos anos 1940, a agricultura no Brasil passou por um processo de modernização. Uma das características desse processo foi a utilização de máquinas, que passaram a realizar as atividades de grande número de pessoas, que ficaram sem trabalho no campo e migraram para as cidades. Ao mesmo tempo, as cidades se desenvolviam com a industrialização e passavam a oferecer maior oportunidade de trabalho, além de oferecerem alguns serviços importantes para a população, como saúde e educação. As cidades tornaram-se importantes polos de atração de pessoas.

Com isso, o número de habitantes da área urbana foi crescendo e o da área rural diminuindo, como você observou no gráfico de colunas da página ao lado.

Movimento da cidade de São Paulo (SP), em 1966.

ATIVIDADES

- De acordo com os dados do gráfico de colunas da página ao lado, responda:

    a) Em 1950, qual era o número aproximado de pessoas que viviam na cidade no Brasil? E no campo?

    _____

    b) E em 2010?

    _____

    c) Quando a população urbana passou a ser maior que a população rural?

    ☐ 1960   ☐ 1970   ☐ 1980

129

ATIVIDADES DO CAPÍTULO

1. Observe a tabela abaixo, com o número de habitantes dos seis países mais populosos do mundo.

População (em milhões de pessoas)

Brasil	Estados Unidos	Indonésia	China	Índia	Paquistão
206	319	254	1 364	1 295	185

Adaptado de: THE WORLD BANK. **World Development Indicators 2015**. Washington, D.C., 2015. Disponível em: <http://wdi.worldbank.org/tables>. Acesso em: 29 fev. 2016.

Com base nos dados da tabela, construa um gráfico de colunas e depois responda às questões.

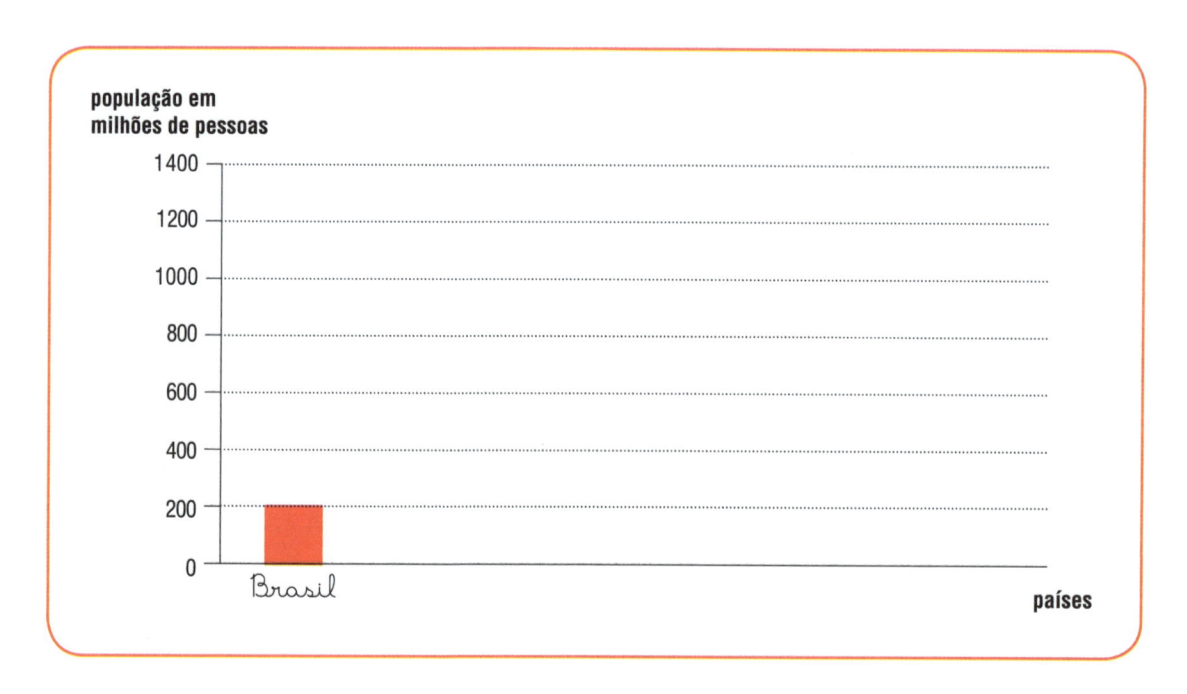

a) Qual é o país mais populoso do mundo? Em qual continente ele está?

___

b) Qual é a posição do Brasil na lista de países mais populosos?

☐ 1º lugar ☐ 2º lugar ☐ 3º lugar ☐ 4º lugar ☐ 5º lugar

2. Leia na tabela ao lado o número de habitantes que vivem em cada região do Brasil. Depois, responda às questões.

Brasil: distribuição de habitantes por região (2010)

Região	Habitantes
Norte	16 milhões
Nordeste	53 milhões
Sul	27 milhões
Sudeste	80 milhões
Centro-Oeste	14 milhões

Adaptado de: IBGE. Disponível em: <http://ibge.gov.br/apps/snig/v1/?loc=0,5,2,1,4&cat=-1,-2,-3,128&ind=4707>. Acesso em: 24 mar. 2016.

a) Qual é a região mais populosa? E a menos populosa?

_____

_____

b) Comparando os dados da tabela ao lado com o mapa da página 122, é correto dizer que a região mais populosa é também a mais povoada? Justifique sua resposta.

3. Para conhecer a população de um país devemos também saber como ela está distribuída por faixas etárias (jovens, adultos e idosos). No gráfico abaixo você pode observar como foi a evolução do número de idosos (pessoas com 60 anos ou mais) na população brasileira no período de 1950 a 2010. Depois de analisar os dados, responda às questões.

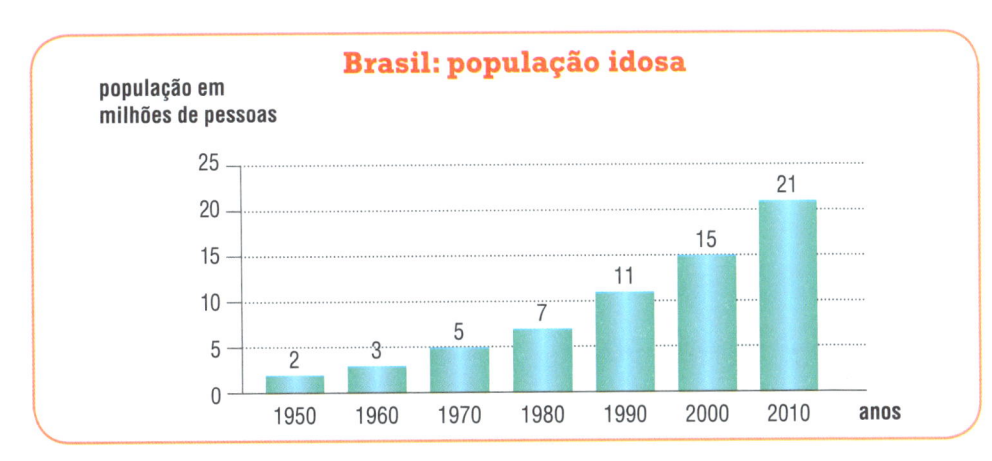

Brasil: população idosa

população em milhões de pessoas

- 1950: 2
- 1960: 3
- 1970: 5
- 1980: 7
- 1990: 11
- 2000: 15
- 2010: 21

anos

IBGE. **Anuário estatístico do Brasil 2012**. Disponível em: <http://biblioteca.ibge.gov.br/visualizacao/periodicos/20/aeb_2012.pdf>. Acesso em: 2 mar. 2016.

a) O que aconteceu com o número de pessoas idosas no Brasil ao longo dos anos apresentado no gráfico? Justifique sua resposta com um exemplo.

_____

_____

b) Em sua opinião, por que isso aconteceu?

CAPÍTULO 11

AS ATIVIDADES ECONÔMICAS

OS SETORES DA ECONOMIA NO BRASIL

No Brasil, as atividades econômicas são muito diversificadas e podem ser agrupadas em setores: **primário**, **secundário** e **terciário**.

No setor primário estão atividades relacionadas à agricultura (cultivo de plantas), à pecuária (criação de animais) e ao extrativismo (mineral, animal e vegetal). Esse tipo de atividade concentra-se principalmente nas áreas rurais.

No setor secundário estão as atividades industriais e as ligadas à construção civil. Essas atividades se desenvolvem predominantemente nas áreas urbanas.

No setor terciário estão todas as atividades econômicas ligadas à prestação de serviços (transporte, saúde, educação e turismo, por exemplo) e ao comércio. Em geral, essas atividades também se desenvolvem mais nas áreas urbanas.

No Brasil, a maior parte da riqueza gerada pelas atividades econômicas vem de atividades do setor terciário e é ele que emprega o maior número de pessoas.

Setor terciário

Professora em sala de aula de escola em Santaluz (BA), em 2014.

Cabeleireiro em Santa Maria (RS), em 2014.

Vendedor de tecidos em Botelhos (MG), em 2015.

Os três setores de atividades estão intimamente relacionados e desempenham importante papel no funcionamento da economia. Observe no esquema abaixo, de maneira simplificada, essa relação entre os setores da economia na produção de suco de laranja. O Brasil é o maior produtor de suco de laranja do mundo.

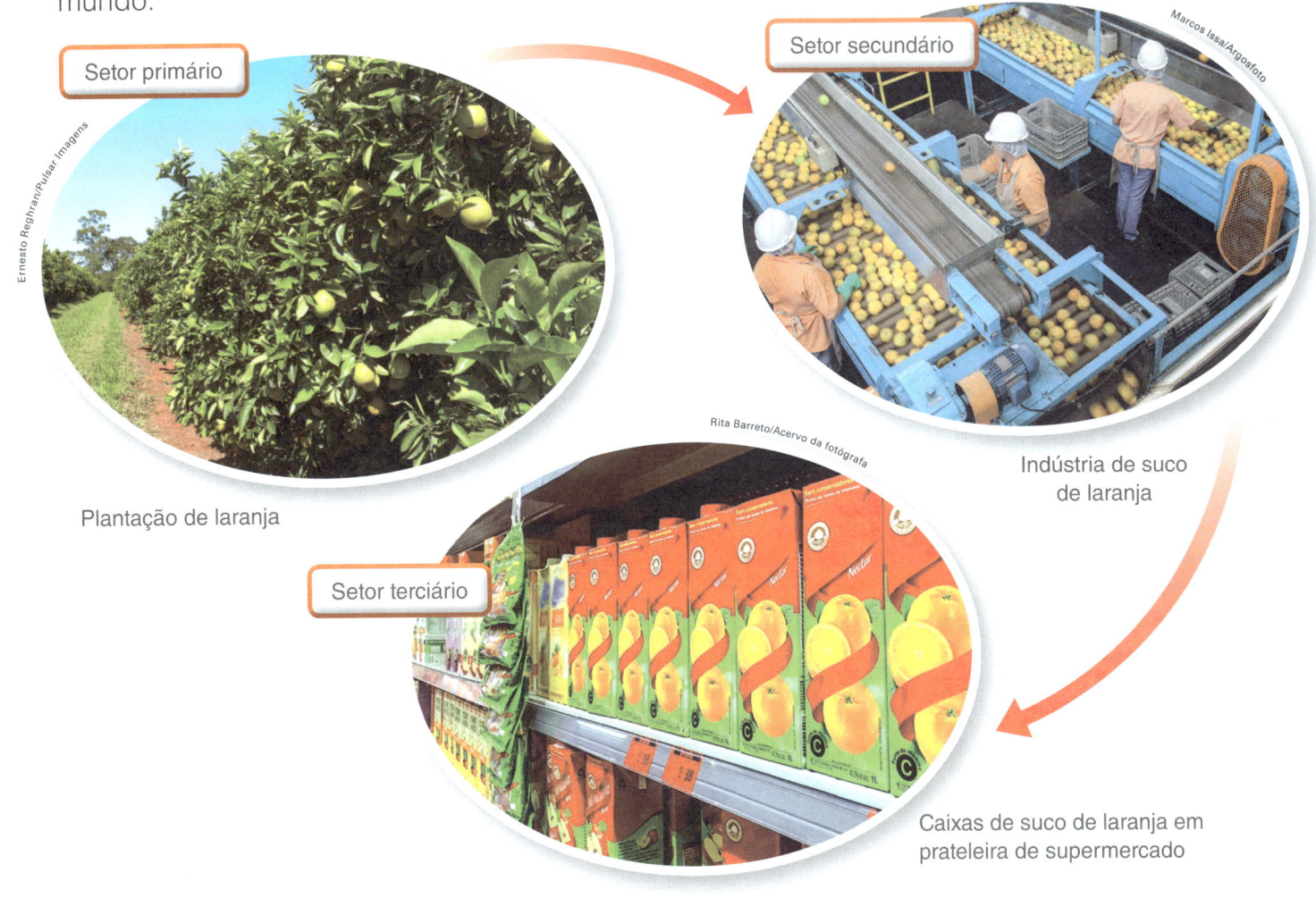

Setor primário

Ernesto Reghran/Pulsar Imagens

Plantação de laranja

Setor secundário

Marcos Issa/Argosfoto

Indústria de suco de laranja

Setor terciário

Rita Barreto/Acervo da fotógrafa

Caixas de suco de laranja em prateleira de supermercado

ATIVIDADES

1 Poderíamos deixar o esquema acima um pouco mais completo se incluíssemos o transporte da laranja da plantação até a indústria e do suco de laranja da indústria até o supermercado. O transporte faz parte de qual setor da economia? Por quê?

2 Verifique em sua família (pais, tios, avós) em qual atividade cada um trabalha e identifique o setor correspondente de cada uma delas. Depois responda: a maioria de seus familiares trabalha em qual setor da economia? Faça suas anotações no caderno.
Depois converse com os colegas de sala e verifique se os resultados foram parecidos.

AS ATIVIDADES ECONÔMICAS E AS TRANSFORMAÇÕES DAS PAISAGENS

Há milhares de anos, o ser humano tem modificado as paisagens das mais diferentes maneiras por meio do trabalho, para atender às suas necessidades. Mas atualmente essas modificações são mais intensas.

Veja um exemplo: quando o ser humano começou a praticar a agricultura, ele dispunha de técnicas muito simples, que permitiam que ele cultivasse um pequeno pedaço de terra e produzisse alimentos para o consumo de sua família. Com o passar do tempo, o ser humano foi capaz de desenvolver técnicas mais sofisticadas, que permitiram que ele cultivasse uma área maior e produzisse maior quantidade de alimentos. Dentre elas estão o uso de fertilizantes e agrotóxicos.

Todas as modificações promovidas pelo ser humano alteram as paisagens e muitas vezes causam danos à natureza, principalmente quando são realizadas sem preocupação com a preservação dos recursos naturais. No caso da agricultura, por exemplo, os fertilizantes e os agrotóxicos têm contaminado os solos e as águas dos rios.

técnicas: conjunto de conhecimentos e de habilidades que o ser humano desenvolve, que torna seu trabalho mais produtivo.

Alex Argozino/Arquivo da editora

Trator aplicando agrotóxico em plantação de soja em Cascavel (PR), em 2013.

ATIVIDADES

1 Enumere as quatro ilustrações abaixo de modo que elas mostrem a sequência dos acontecimentos na transformação de uma paisagem. Depois, descreva em seu caderno as transformações que essa paisagem sofreu.

2 No município em que você vive, existem atividades econômicas que modificam as paisagens? Que atividades são essas?

_____

_____

_____

135

AS TRANSFORMAÇÕES DAS PAISAGENS NO BRASIL

Extensas áreas do território brasileiro já tiveram suas paisagens bastante modificadas pela ação do ser humano, outras ainda preservam muitas de suas características naturais. Observe o mapa e as fotografias abaixo.

Brasil: paisagens transformadas

Adaptado de: **Geoatlas**, de Maria Elena Simielli. 34. ed. São Paulo: Ática, 2014. p. 122.

Esta fotografia é da floresta Amazônica em Uiramutã (RR), em 2014. Ela mostra uma das paisagens encontradas nas áreas com pouca transformação nas paisagens naturais.

Esta fotografia é da colheita de soja em Querência (MT), em 2013. Ela mostra uma das paisagens encontradas nas áreas moderadamente transformadas.

Esta fotografia é da cidade do Rio de Janeiro (RJ), em 2014. Ela mostra uma das paisagens encontradas nas áreas profundamente transformadas.

ATIVIDADES

■ Observe o mapa abaixo e compare-o com o mapa da página ao lado. Depois responda às questões a seguir.

Brasil: poluição do ar e contaminação do solo

LEGENDA
- Poluição do ar e da água pela atividade industrial
- Contaminação do solo e da água por agrotóxicos

Adaptado de: **Geoatlas**, de Maria Elena Simielli. 34. ed. São Paulo: Ática, 2014. p. 122.

a) Que danos à natureza são cartografados no mapa acima?

_____

_____

b) A maioria das áreas com poluição do ar e da água pela atividade industrial está localizada:

☐ nas áreas com pouca transformação nas paisagens naturais.

☐ nas áreas moderadamente transformadas.

☐ nas áreas profundamente transformadas.

c) Em sua opinião, por que há menos poluição do ar e das águas por atividade industrial e menos contaminação do solo e da água por agrotóxicos nos estados do Amazonas, Acre, Roraima, Amapá e parte do Pará?

LEITURA DE IMAGEM

A POLUIÇÃO

Como você aprendeu, as atividades do ser humano provocam diversas alterações na natureza, entre elas vários tipos de poluição.

Muitas delas não são visíveis para um olhar desatento, mas outras são impossíveis de não ser notadas.

OBSERVE

Pirapora do Bom Jesus (SP), em 2015.

Rafael Pacheco/Acervo do fotógrafo

1. O que você vê na imagem?

ANALISE

2. Quais elementos naturais e culturais você identifica na imagem?

   _____

   _____

   _____

3. Você sabe o que é a espuma branca que aparece na imagem? Ela é encontrada na natureza?

   _____

   _____

4. Na imagem é possível identificar a presença de um rio? Como?

   _____

   _____

5. Em sua opinião, qual foi a intenção do fotógrafo ao incluir na imagem a placa que indica a ponte sobre o rio? Converse com o professor e os colegas.

6. A imagem mostra o resultado positivo ou negativo da interferência humana na natureza? Converse com o professor e os colegas.

RELACIONE

7. Em sua opinião, é agradável viver em um lugar poluído? No seu bairro ou cidade existe um rio? Suas águas estão limpas ou poluídas?

8. Faça uma pesquisa sobre as principais causas de poluição das águas e sobre suas consequências para a população. Faça suas anotações no caderno.

9. Em sua opinião, o que podemos fazer para diminuir ou acabar com a poluição das águas?

ATIVIDADES DO CAPÍTULO

1. Observe cada imagem abaixo. Depois, identifique a atividade desenvolvida e o setor da economia ao qual pertence cada uma.

2. Observe as imagens abaixo, que retratam paisagens brasileiras. Para realizar esta atividade você deve consultar o mapa da página 136. Se necessário, consulte o mapa político do Brasil da página 16 do **Miniatlas**.

Paisagem da ilha de Marajó (PA), em 2013.

Paisagem da cidade de Salvador (BA), em 2015.

a) De acordo com o mapa, a paisagem da fotografia 1 está em:

☐ áreas com pouca transformação nas paisagens naturais.

☐ áreas profundamente transformadas.

☐ áreas moderadamente transformadas.

b) E a paisagem da fotografia 2 está em:

☐ áreas com pouca transformação nas paisagens naturais.

☐ áreas profundamente transformadas.

☐ áreas moderadamente transformadas.

c) De acordo com o que as imagens mostram você concorda com essa classificação?

3. O ser humano sempre transformou as paisagens com a mesma intensidade? Explique sua resposta.

_____

_____

CAPÍTULO 12

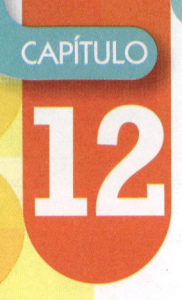

OS SERVIÇOS DE TRANSPORTE E DE COMUNICAÇÃO

OS MEIOS DE TRANSPORTE

Os meios de transporte são fundamentais para a circulação de pessoas e de mercadorias. Eles integram os setores da economia e são essenciais na distribuição de mercadorias para o mercado local, regional, nacional e internacional.

Os meios de transporte podem ser **terrestres**, **aquáticos** ou **aéreos**.

Transportes terrestres: circulam por rodovias, ruas ou ferrovias.

Cesar Diniz/Pulsar Imagens

Transportes aéreos: circulam pelo espaço aéreo.

Ernesto Reghran/Pulsar Imagens

Transportes aquáticos: circulam por rios, mares e oceanos.

André Dib/Pulsar Imagens

O transporte aquático é um dos principais meios de transporte de cargas em grandes distâncias. A utilização de navios possibilita que uma grande quantidade de produtos seja conduzida de um lugar para outro.

O transporte aéreo é considerado o mais rápido. No entanto, é o mais caro. Por isso, é mais utilizado para transportar grande quantidade de pessoas e algumas mercadorias de alto valor comercial, como os eletrônicos.

Para poder funcionar, o transporte aquático depende de portos e o aéreo, de aeroportos. Eles dependem também do transporte rodoviário ou ferroviário para levar as mercadorias dos locais de produção para os locais de consumo.

Vista aérea do porto de Itaqui, em São Luís (MA), em 2013.

ATIVIDADES

1 No município em que você vive, quais são os meios de transporte utilizados para cargas e pessoas?

_____

_____

2 Qual é o meio de transporte que você utiliza para ir à escola?

_____

O TRANSPORTE NO BRASIL

Os meios de transporte no Brasil são muito importantes para integrar seu imenso território e promover a ligação entre as regiões do país.

Veja na tabela abaixo qual é o meio de transporte mais utilizado na circulação de mercadorias (transporte de carga) e de pessoas no Brasil.

Meio de transporte	Cargas (milhões de TKU – toneladas transportadas)	Passageiros (número de pessoas)
Rodoviário	485 625	99 617 311
Ferroviário	164 809	1 817 448
Aquático	108 000	549 619
Aéreo	3 169	103 475 289

Adaptado de: Confederação Nacional do Transporte. **Boletim estatístico 2016**. Disponível em: <www.cnt.org.br>. Acesso em: 24 mar. 2016.

O que os dados da tabela mostram sobre o uso dos transportes no Brasil?

Os dados mostram que, no Brasil, o meio de transporte mais utilizado para cargas (e o segundo mais utilizado para passageiros) é o rodoviário.

Apesar de ser o mais utilizado, o transporte rodoviário não é o mais eficiente para transportar mercadorias e pessoas por longas distâncias. Ele é caro pelo alto consumo de combustível e pela necessidade de manutenção de peças e das rodovias. Além disso, ele tem uma capacidade de carga pequena, se comparado aos outros. Veja a ilustração abaixo.

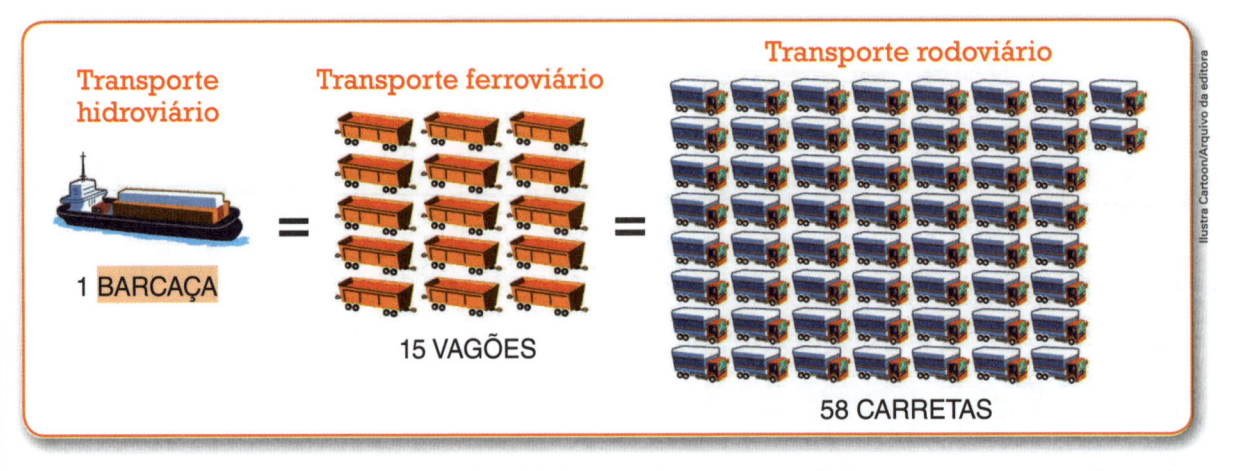

Transporte hidroviário = **Transporte ferroviário** = **Transporte rodoviário**

1 BARCAÇA = 15 VAGÕES = 58 CARRETAS

barcaça: embarcação de fundo achatado utilizada para transportar grande quantidade de carga em um rio ou mar.

Apesar de o transporte hidroviário ser bastante eficiente, como você pode observar na ilustração, e de o território brasileiro possuir uma extensa rede hidrográfica, com rios próprios para a navegação, o uso deles como via de transporte é pouco explorado.

No início do século 20, o principal meio de transporte de carga utilizado no Brasil era o trem. O café, por exemplo, principal produto brasileiro nessa época, chegava ao porto de Santos, no litoral de São Paulo, para ser exportado, por ferrovias. De lá para cá a rede ferroviária não se ampliou muito. Além disso, ela está concentrada em apenas uma parte do território. Veja o mapa.

Brasil: ferrovias

Adaptado de: BRASIL. Ministério dos Transportes. Disponível em: <www2.transportes.gov.br/bit/03-ferro/ferro.html>. Acesso em: 1º mar. 2016.

ATIVIDADES

1 Com base no mapa de ferrovias no Brasil, que estados brasileiros são servidos por ferrovias?

_____

_____

_____

> Consulte no **Miniatlas** o mapa político do Brasil

2 Em sua opinião, como são transportadas as mercadorias nos estados brasileiros que não são servidos por ferrovias?

145

O transporte nas cidades

O número de veículos que circulam nas cidades brasileiras e o volume de tráfego rodoviário no Brasil têm aumentado continuamente, levando à deterioração da qualidade de vida e da saúde dos habitantes (ruído, poluição atmosférica, invasão do espaço público, *stress*). Quase metade das emissões de CO_2 produzidas pelo setor de transportes é originada da utilização de automóveis particulares nas cidades.

Uma mudança para meios de transporte mais eficientes e mais "limpos" (andar a pé, de bicicleta, transportes públicos movidos a gás natural, etc.) reduziria o congestionamento do trânsito, a poluição do ar, os níveis de ruído e as doenças causadas pelo tráfego intenso.

deterioração: estado alterado para pior.
stress: estado de tensão, ansiedade.

RUAVIVA-Instituto da Mobilidade Sustentável. Disponível em: <www.ruaviva.org.br/na-cidade-sem-carro.html>. Acesso em: 29 fev. 2016.

Em todas as grandes cidades brasileiras é comum o excesso de veículos particulares nas ruas. Na fotografia, congestionamento em Belo Horizonte (MG), em 2015.

Utilizar combustíveis mais "limpos" é uma solução para diminuir a poluição nas cidades. Na fotografia, ônibus movido a gás natural em fase de teste em Florianópolis (SC), em 2015.

ATIVIDADES

1 Segundo o texto da página ao lado, quais as consequências do excesso de veículos nas ruas e nas rodovias?

_____

_____

2 Observe as imagens abaixo e depois responda às questões.

Brasília (DF), em 2014.

Porto Alegre (RS), em 2014.

a) Qual é o meio de transporte, entre os apresentados nas fotografias acima, que pode levar mais pessoas de uma vez?

_____

b) Em sua opinião, qual dos dois meios de transporte é mais eficiente para diminuir os congestionamentos e a poluição nas grandes cidades?

3 É comum os congestionamentos em rodovias no Brasil, como você pode observar na fotografia ao lado.

- Em sua opinião, quais seriam as possíveis soluções para esse problema?

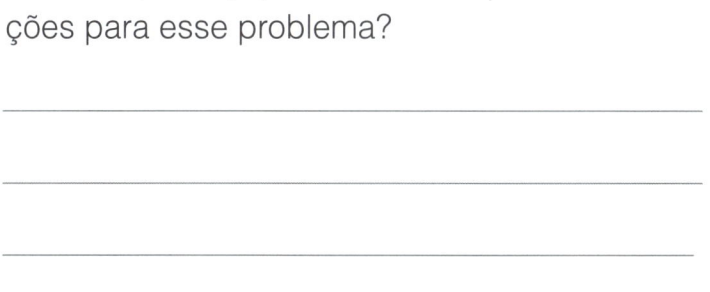

_____

_____

_____

_____

Congestionamento de caminhões no acesso ao porto de Santos (SP), em 2013.

OS MEIOS DE COMUNICAÇÃO

Assim como os transportes, os meios de comunicação são importantes para muitas atividades econômicas, pois possibilitam a troca de informações.

São utilizados também para que as pessoas se comuniquem umas com as outras, e para que saibam o que acontece ao seu redor, seja no lugar onde moram, seja em outras partes do mundo. Com os avanços tecnológicos, a circulação das informações acontece em tempo real. Entre os meios de comunicação mais utilizados atualmente estão: internet, celular e televisão.

Internet

Celular

Televisão

Apesar de as novas tecnologias estarem difundidas no mundo todo, o acesso a elas pelas pessoas é desigual entre os países do mundo e também entre os estados brasileiros. Observe no mapa ao lado um exemplo disso: a desigualdade no acesso à internet entre os estados brasileiros.

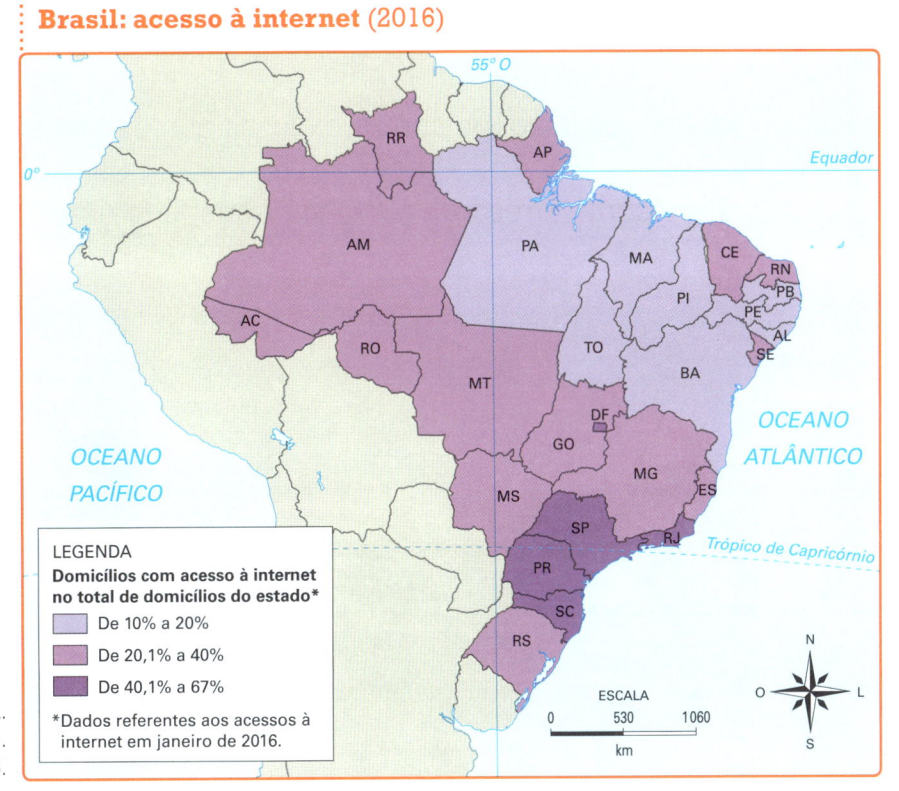

Brasil: acesso à internet (2016)

LEGENDA
Domicílios com acesso à internet no total de domicílios do estado*
- De 10% a 20%
- De 20,1% a 40%
- De 40,1% a 67%

*Dados referentes aos acessos à internet em janeiro de 2016.

Adaptado de: ANATEL. Disponível em: <www.anatel.gov.br>. Acesso em: 2 mar. 2016.

ATIVIDADES

1 De acordo com o mapa acima, em quais estados mais pessoas têm acesso à internet? E menos?

_____

_____

_____

2 Em sua opinião, é importante ter acesso à internet? Por quê?

3 Além dos meios de comunicação apresentados na página ao lado, quais outros você conhece?

_____

_____

4 Quais meios de comunicação você e sua família utilizam mais? Converse com os colegas e o professor e descubra se são os mesmos.

149

ATIVIDADES DO CAPÍTULO

1. Observe as imagens abaixo e classifique os meios de transporte quanto ao tipo.

   | Transporte terrestre | Transporte aéreo | Transporte aquático |

2. Existem meios de comunicação que não são utilizados ou são pouco utilizados atualmente porque não são tão rápidos como aqueles que utilizam novas tecnologias. Você conhece algum? Faça uma pesquisa com familiares, na internet e em livros sobre esses meios de comunicação. Anote suas descobertas no caderno.

3. Leia abaixo o trecho da letra de uma canção e depois responda às questões.

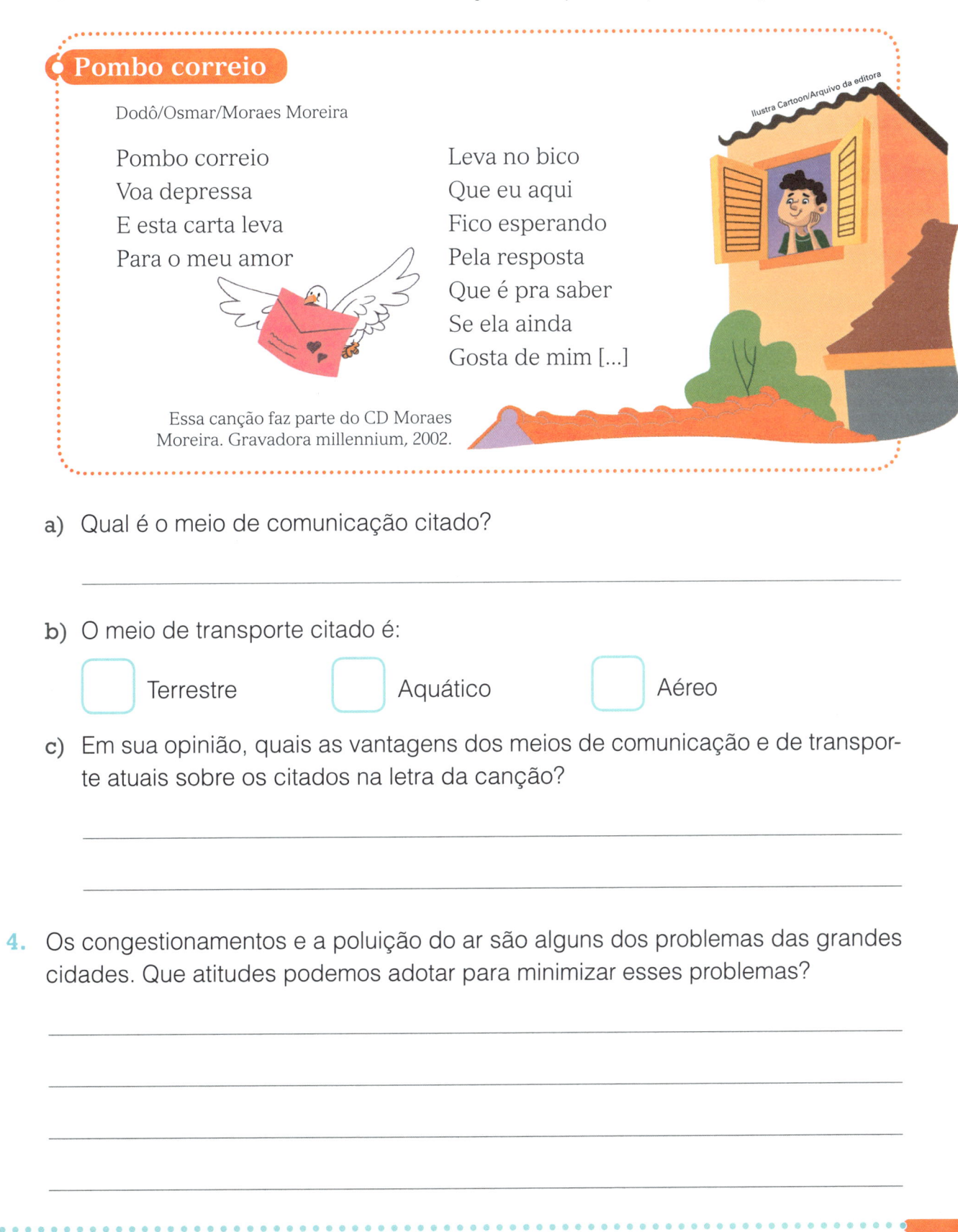

Pombo correio

Dodô/Osmar/Moraes Moreira

Pombo correio
Voa depressa
E esta carta leva
Para o meu amor
Leva no bico
Que eu aqui
Fico esperando
Pela resposta
Que é pra saber
Se ela ainda
Gosta de mim [...]

Essa canção faz parte do CD Moraes Moreira. Gravadora millennium, 2002.

a) Qual é o meio de comunicação citado?

_____

b) O meio de transporte citado é:

☐ Terrestre   ☐ Aquático   ☐ Aéreo

c) Em sua opinião, quais as vantagens dos meios de comunicação e de transporte atuais sobre os citados na letra da canção?

_____
_____

4. Os congestionamentos e a poluição do ar são alguns dos problemas das grandes cidades. Que atitudes podemos adotar para minimizar esses problemas?

_____
_____
_____
_____

ENTENDER O ESPAÇO GEOGRÁFICO

OS GRÁFICOS DE SETORES

Nesta Unidade você verificou que podemos apresentar muitos dados por meio de gráficos, entre eles os gráficos de colunas e de setores.

Nesta seção você vai aprender um pouco mais sobre os gráficos de setores, chamados também de gráficos de *pizza*. Siga as instruções e construa você mesmo um gráfico de setores.

1 Observe o mapa abaixo, com a classificação das capitais dos estados brasileiros de acordo com o número de habitantes.

Brasil: população das capitais (2015)

LEGENDA
- ■ Capital do país
- ■ Capital de estado

População das capitais
- ◯ Acima de 3 milhões de habitantes
- ○ Entre 1 e 3 milhões de habitantes
- ○ Até 1 milhão de habitantes

Adaptado de: IBGE. **Cidades@**. Disponível em: <www.cidades.ibge.gov.br/xtras/home.php>. Acesso em: 2 mar. 2016.

2 Organize na tabela da página ao lado as informações do mapa, indicando o número de capitais de acordo com o número de habitantes.

	Número de capitais
Capitais com população até 1 milhão de habitantes	
Capitais com população entre 1 milhão e 3 milhões de habitantes	
Capitais com população acima de 3 milhões de habitantes	

3 Agora você vai construir um gráfico de setores com as informações da tabela. Considere que cada fatia do círculo abaixo corresponde a uma capital. Verifique que ele está dividido em 27 partes (que correspondem às 26 capitais estaduais e Brasília). Pinte a quantidade de fatias que representam as informações da tabela, de acordo com a indicação da legenda.

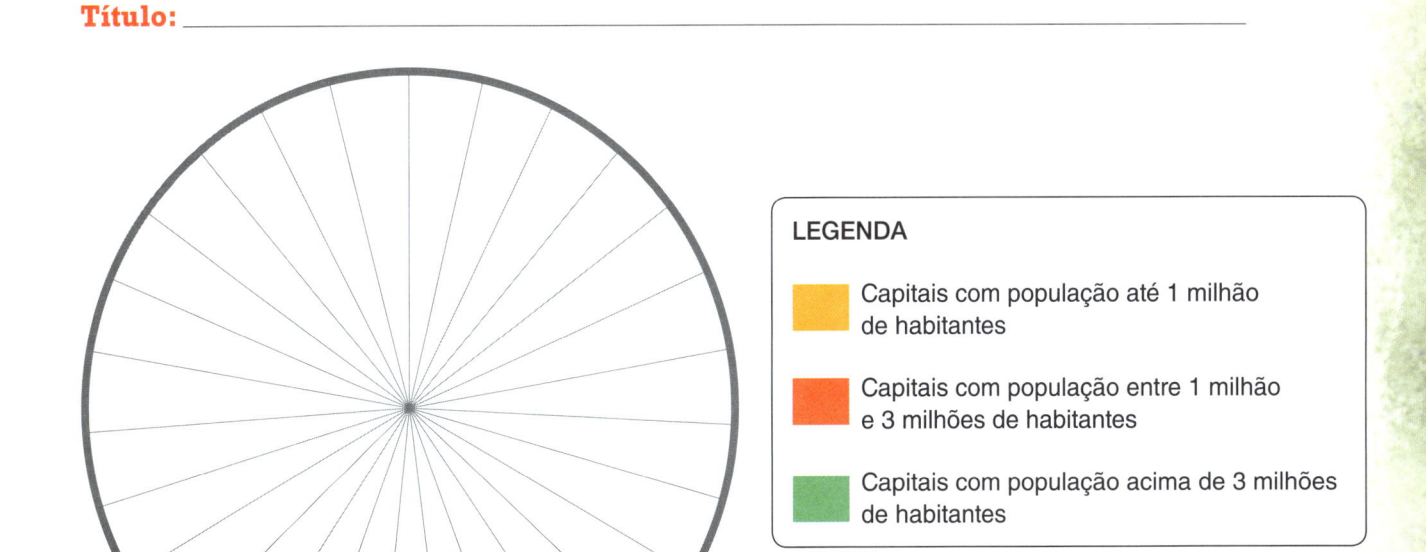

Título: _____

LEGENDA

☐ Capitais com população até 1 milhão de habitantes

☐ Capitais com população entre 1 milhão e 3 milhões de habitantes

☐ Capitais com população acima de 3 milhões de habitantes

4 Crie um título para o seu gráfico.

1. O que é possível perceber observando o gráfico construído?

2. Que outras informações podem ser representadas em um gráfico de setores?

LER E ENTENDER

Nesta seção você vai trabalhar com uma **notícia**. As notícias são fontes importantes de informação. Você costuma ler notícias para se informar?

Leia o trecho de notícia a seguir e descubra quais informações ela traz.

Alunos da zona rural de Vilhena levam 4 horas para chegar à escola

Crianças saem de casa às 9h para chegar à escola às 13h. Professor diz que o aluno precisa ter muita força de vontade para continuar.

A rotina de crianças que frequentam a escola na zona rural de Vilhena, Rondônia, é difícil. São horas de um longo trajeto dentro do ônibus até chegar à escola. Os primeiros a entrar no veículo saem de casa às 9h para estudar durante a tarde. Na volta, a mesma situação. "Eles saem às 17h e chegam às 21h, cansados e empoeirados", conta o professor Beno Scheuermann. [...]

Segundo Scheuermann, além do ambiente precário, o maior desafio dos alunos se refere ao transporte escolar. Muitos chegam de bicicleta, atravessando locais perigosos. Os que não chegam de bicicleta utilizam o transporte escolar, realizado por um ônibus da prefeitura, mas que não deixa de ser uma alternativa problemática.

"Há alunos que estudam no período vespertino e moram a uma distância de mais de 50 quilômetros da escola. Ao final do dia passam mais tempo na estrada do que na sala de aula", relata o professor. [...]

Como forma de melhorar as condições do ensino rural no município, o coordenador da Escola do Campo, um projeto da Secretaria Municipal de Educação, explicou que duas novas escolas estão sendo construídas nas regiões mais carentes. [...]

G1. Disponível em: <http://g1.globo.com/ro/rondonia/noticia/2012/10/alunos-da-zona-rural-de-vilhena-ro-levam-4-horas-para-chegar-escola.html>. Acesso em: 1º mar. 2016.

ANALISE

1. Qual é o fato noticiado? Onde ele acontece?

2. No texto existem falas de uma pessoa citada. Como você pode identificá-las?

3. Por que essas falas foram citadas no texto? Assinale a alternativa correta.
   - [ ] Porque elas são as falas das personagens da história contada.
   - [ ] Porque elas são um recurso usado para garantir que o fato é verdadeiro.
   - [ ] Porque o leitor gosta de textos que tenham falas.

4. De acordo com a notícia, qual é o maior desafio enfrentado por esses alunos?

5. De acordo com o texto, qual é a solução para que as condições desses alunos melhorem?

   _____

6. Qual é o objetivo desse texto? Assinale a alternativa correta.
   - [ ] Informar sobre um acontecimento real.
   - [ ] Pedir mais ônibus escolares.
   - [ ] Diminuir o tempo de permanência na escola.

RELACIONE

7. Quais os meios de transporte mencionados na notícia?

8. Você encontra dificuldades no seu trajeto de casa para a escola e da escola para casa? Quais?

9. Compare a rotina das crianças descrita na notícia com a sua rotina. O que elas têm em comum?

10. Como você se sentiria se tivesse uma rotina como a das crianças da reportagem?

O QUE APRENDI?

Agora é hora de retomar as discussões realizadas nesta Unidade. Vamos lá?

1. Em sua opinião, a imagem de abertura retrata a diversidade da população brasileira? Como?

   _____
   _____
   _____

2. Por que o número de habitantes tem crescido no Brasil? Assinale a alternativa correta.

   ☐ Porque o número de pessoas que morrem é maior que o de pessoas que nascem.

   ☐ Porque o número de pessoas que nascem é igual ao número de pessoas que morrem.

   ☐ Porque o número de pessoas que nascem é maior que o de pessoas que morrem.

3. Observe o esquema abaixo, que reproduz as etapas de produção de uma roupa de algodão. Complete o esquema com as palavras do quadro.

| Setor secundário | Setor terciário | Consumidor | Setor primário |

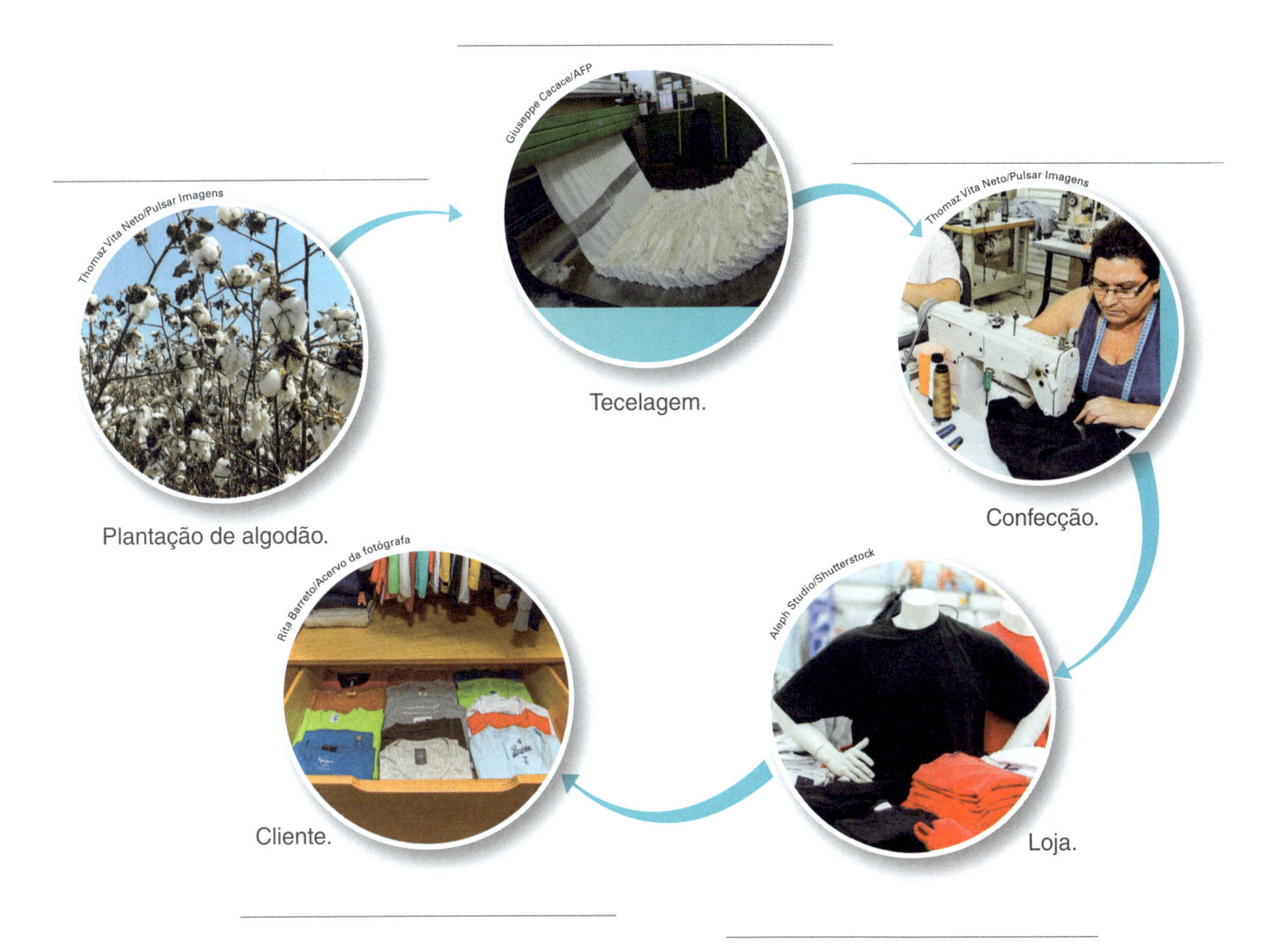

Tecelagem.

Plantação de algodão.

Confecção.

Cliente.

Loja.

4. Para terminar, você vai retomar o que foi visto neste volume. Reveja as páginas do livro, observando os textos e as imagens. Depois, faça no caderno uma autoavaliação levando em consideração os seguintes itens:

- O que você gostou de aprender? Por quê?
- O que você achou mais difícil estudar? Por quê?
- O que você achou menos interessante? Por quê?

Converse com o professor e com os colegas para vocês avaliarem o que aprenderam, esclarecerem as dúvidas que ficaram e verificarem o que cada um precisa melhorar.

PARA SABER MAIS

LIVROS

ABC da água, de Selma Maria. São Paulo: Panda Books, 2015.

Este livro apresenta pequenos verbetes relacionados à água. Em ordem alfabética, como num dicionário, os verbetes trazem novos conceitos e explicações sobre esse importante recurso natural.

As quatro estações, de João Proteti. Campinas: Papirus, 2013.

Um livro cheio de poemas criativos e divertidos sobre as quatro estações, feitos para jovens leitores como você.

Fique por dentro do clima e das estações, de Katie Daynes e Russell Tate. São Paulo: Usborne, 2015.

Este livro oferece muitas informações sobre as quatro estações e a variedade de climas do nosso planeta. Observe as belas ilustrações e descubra quais são os lugares mais frios do mundo! Entenda o que acontece dentro de uma nuvem quando está chovendo e muito mais.

Juca Brasileiro: descobrindo o Brasil, de Patrícia Engel Seco. São Paulo: Melhoramentos, [s.d.]

Vamos acompanhar o passeio que o personagem Juca Brasileiro e seus amigos fazem por parques e matas? Em suas caminhadas, esse grupo de crianças descobre o quanto a natureza pode ser destruída pela ação dos seres humanos. Assim, essa turminha passa a refletir sobre os cuidados para a preservação da natureza, dos animais e da água.

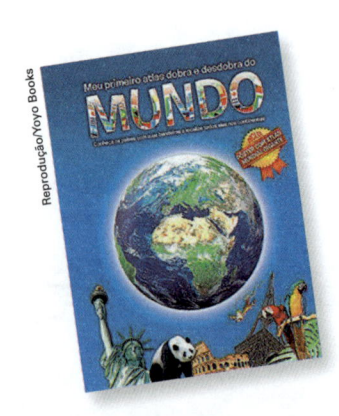

Meu primeiro atlas dobra e desdobra do mundo, de Maria Elisa Bifano (tradutora). Barueri: Yoyo Books, 2013.

Este atlas apresenta as características de todos os continentes, bem como as bandeiras de todos os países do mundo, curiosidades e textos. Traz também um grande mapa-múndi dobrável.

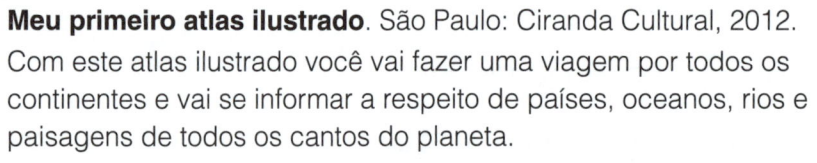

Meu primeiro atlas ilustrado. São Paulo: Ciranda Cultural, 2012.

Com este atlas ilustrado você vai fazer uma viagem por todos os continentes e vai se informar a respeito de países, oceanos, rios e paisagens de todos os cantos do planeta.

Para sempre chegar bem: educação para o trânsito para crianças, de Betina Rugna e Elisabete Garcia. São Paulo: Hedra, 2012.

Com as pequenas histórias de ficção deste livro, você pode tirar suas dúvidas sobre trânsito, prevenção de acidentes, meios de transporte, transporte coletivo e muito mais!

Quando a escrava Esperança Garcia escreveu uma carta, de Sonia Rosa. Rio de Janeiro: Pallas, 2012.

Esta obra conta a história real de Esperança Garcia, uma africana escravizada que, em 1770, escreveu uma carta ao governador da província do Piauí relatando os maus-tratos vividos por ela e por outros escravizados na fazenda em que trabalhavam. Uma história de luta contra a escravidão, marcada pelos ideais de liberdade e resistência.

Ser idoso é... Estatuto do idoso para crianças, de Fábio Sgroi. São Paulo: Mundo Mirim, 2011.

O Estatuto do Idoso foi aprovado em 2003. Com esse conjunto de leis, os direitos e deveres de homens e mulheres idosos estão garantidos. Vamos conhecer esse importante documento? Em linguagem acessível, esta obra traz os principais pontos do estatuto, com textos e ilustrações.

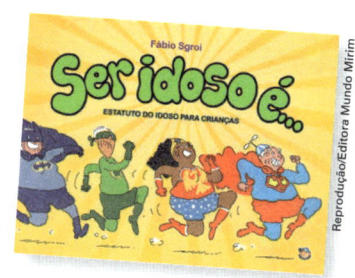

Uma amizade (im)possível: as aventuras de Pedro e Aukê no Brasil colonial, de Lilia Moritz Schwarcz. São Paulo: Companhia das Letrinhas, 2014.

Essa aventura se passa durante o período da colonização das terras brasileiras. Pedro, um menino de origem portuguesa, e Aukê, um menino de origem indígena, passam a conviver e a trocar experiências no Brasil. No final do livro há um glossário que auxilia você a compreender melhor esse período da nossa história.

SITES

IBGE – 7 a 12 anos

<http://7a12.ibge.gov.br>. Acesso em: 24 mar. 2016.

Site do IBGE (Instituto Brasileiro de Geografia e Estatística) para crianças. Na aba "Vamos conhecer o Brasil", você pode acessar textos e gráficos sobre a população brasileira e sobre o território do Brasil. Em "Você sabia?" há curiosidades sobre o Brasil, os municípios, os estados e a população. Há, ainda, muitos mapas, jogos e brincadeiras para você aprender enquanto se diverte.

Brasília – Passeio virtual

<www.museuvirtualbrasilia.org.br/PT/>. Acesso em: 24 mar. 2016.

Site do Museu Virtual de Brasília, instituição que reúne informações sobre Brasília, a capital do país em que vivemos. Há textos, imagens e uma linha do tempo com a história da construção da cidade. Em "Tour virtual 360°", você é convidado a fazer visitas virtuais a vários pontos da cidade.

Estação Criança – Planetário do Rio de Janeiro

<www.planetariodorio.com.br/bloguinho/>. Acesso em: 24 mar. 2016.

Site do Planetário da cidade do Rio de Janeiro dedicado a crianças. Você pode acessar textos e curiosidades sobre espaço, Sistema Solar, Astronomia e Ciências. Há jogos, vídeos, fotos e biografias de cientistas.

BIBLIOGRAFIA

ALMEIDA, R. D. de (Org.). *Novos rumos da cartografia escolar:* currículo, linguagem e tecnologia. São Paulo: Contexto, 2011.

BRASIL, Ministério da Educação. *Estatuto da Criança e do Adolescente.* 9. ed. Lei Federal n. 8069, de 13 de julho de 1990. Brasília: Imprensa Oficial, 2012.

_____. Ministério da Educação. Secretaria de Educação Básica. *Diretrizes Curriculares Nacionais da Educação Básica.* Brasília, 2013.

_____. Ministério da Educação. Secretaria de Educação Básica. Fundo Nacional de Desenvolvimento da Educação. *Ensino Fundamental de nove anos:* orientações para a inclusão da criança de seis anos de idade. Brasília, 2007.

_____. Ministério da Educação. Secretaria de Educação Básica. Fundo Nacional de Desenvolvimento da Educação. *Pró-letramento:* programa de formação continuada de professores das séries iniciais do Ensino Fundamental. Brasília, 2006.

_____. Ministério da Educação. Secretaria de Educação Fundamental. *Parâmetros Curriculares Nacionais:* História e Geografia. Brasília, 1997.

_____. Ministério da Educação. Secretaria de Educação Fundamental. *Parâmetros Curriculares Nacionais:* temas transversais – apresentação – Ética, Pluralidade Cultural, Orientação Sexual. Brasília, 1997.

_____. Ministério da Educação. Secretaria de Educação Fundamental. *Referencial Curricular Nacional para a Educação Infantil.* Brasília, 1998.

BUSCH, A.; VILELA, C. *Um mundo de crianças.* São Paulo: Panda Books, 2007.

CALLAI, Helena Copetti. Aprendendo a ler o mundo: A Geografia nos anos iniciais do Ensino Fundamental. *Cad. Cedes*, Campinas, v. 25, n. 66, p. 227-247, maio/ago. 2005. Disponível em: <www.cedes.unicamp.br>.

CASTELLAR, S. M. V. (Org.). *Educação geográfica:* teorias e práticas docentes. São Paulo: Contexto, 2012.

_____; MORAES, J. V. *Ensino de Geografia.* São Paulo: Thompson, 2010.

CASTROGIOVANNI, A. C. et al. *Geografia em sala de aula:* práticas e reflexões. Porto Alegre: UFRGS/Associação dos Geógrafos Brasileiros, 2010.

_____. *Ensino da Geografia:* práticas e textualizações no cotidiano. Porto Alegre: Mediação, 2014.

CAVALCANTI, L. S. *Geografia, escola e construção de conhecimentos.* Campinas: Papirus, 2011.

FALLEIROS, I.; GUIMARÃES, M. N. *Os diferentes tempos e espaços do homem:* atividades de Geografia e de História para o Ensino Fundamental. São Paulo: Cortez, 2005.

IBGE. *Atlas geográfico escolar.* 6. ed. Rio de Janeiro, 2012.

KINDERSLEY, B.; KINDERSLEY, A. *Crianças como você:* uma emocionante celebração da infância no mundo. 8. ed. São Paulo: Ática, 2009.

LOPES, J. J. M. Geografia da infância: contribuições aos estudos das crianças e suas infâncias. *Revista de Educação Pública (UFMT)*, v. 22, p. 283-294, 2013.

MARTINELLI, M. *Mapas da Geografia e Cartografia temática.* São Paulo: Contexto, 2010.

PONTUSCHKA, N. N.; PAGANELLI, T. I.; CACETE, N. H. *Para ensinar e aprender Geografia.* São Paulo: Cortez, 2007.

SIMIELLI, M. E. R. O mapa como meio de comunicação e alfabetização cartográfica. In: ALMEIDA, Rosângela Doin de (Org.). *Cartografia escolar.* São Paulo: Contexto, 2010. v. 2. p. 71-94.

_____. *Primeiros mapas:* como entender e construir. São Paulo: Ática, 2010. 4 v.

SMITH, P.; SHALEV, Z. *Escolas como a sua:* um passeio pelas escolas ao redor do mundo. São Paulo: Ática, 2008.

STRAFORINI, R. *Ensinar Geografia:* o desafio da totalidade-mundo nas séries iniciais. São Paulo: Annablume, 2008.

UNESCO. *Educação:* um tesouro a descobrir. São Paulo: Cortez; Brasília: Unesco, 1998.

VYGOTSKY, L. S. *Pensamento e linguagem.* São Paulo: Martins Fontes, 2003.

LIFE PROJECT

2

Richmond

Richmond

Direção editorial: Sandra Possas
Edição executiva de inglês: Izaura Valverde
Edição executiva de produção e multimídia: Adriana Pedro de Almeida

Coordenação de arte e produção: Raquel Buim
Coordenação de revisão: Rafael Spigel

Edição de texto: Nathália Horvath
Elaboração de conteúdo: Nathália Horvath, Veronica Teodorov
Preparação de originais: Katia Gouveia Vitale
Revisão: Carolina Waideman, Flora Vaz Manzione, Gisele Ribeiro Fujii, Kandy Saraiva, Lucila Vrublevicius Segóvia, Márcio Martins, Marina Gomes, Ray Shoulder, Vivian Cristina de Souza

Projeto gráfico: Elaine Alves, Karina de Sá
Edição de arte: Elaine Alves, Priscila Wu
Diagramação: Casa de Ideias
Capa: Karina de Sá, Raquel Buim
Ilustração de capa: Leo Teixeira
Ilustrações: Artur Fujita, Leo Teixeira
Artes: Elaine Alves, Priscila Wu

Iconografia: Ellen Silvestre, Eveline Duarte, Paloma Klein, Sara Alencar
Coordenação de *bureau*: Rubens M. Rodrigues
Tratamento de imagens: Ademir Francisco Baptista, Joel Aparecido, Luiz Carlos Costa, Marina M. Buzzinaro, Vânia Aparecida M. de Oliveira
Pré-impressão: Alexandre Petreca, Everton L. de Oliveira, Fabio Roldan, Marcio H. Kamoto, Ricardo Rodrigues, Vitória Sousa
Áudio: Núcleo de Criação Produções em Áudio
Impressão e acabamento: HRosa Gráfica e Editora
Lote: 797803
Cod: 51120002141

Todos os *sites* mencionados nesta obra foram reproduzidos apenas para fins didáticos. A Richmond não tem controle sobre seu conteúdo, o qual foi cuidadosamente verificado antes de sua utilização.
Websites mentioned in this material were quoted for didactic purposes only. Richmond has no control over their content and urges care when using them.

Embora todas as medidas tenham sido tomadas para identificar e contatar os detentores de direitos autorais sobre os materiais reproduzidos nesta obra, isso nem sempre foi possível.
A editora estará pronta a retificar quaisquer erros dessa natureza assim que notificada.
Every effort has been made to trace the copyright holders, but if any omission can be rectified, the publishers will be pleased to make the necessary arrangements.

Reprodução proibida. Art. 184 do Código Penal e Lei 9.610 de 19 de fevereiro de 1998.

Todos os direitos reservados.

Créditos das fotos: p. 4: ©Davide Zanin/Getty Images, ©JGalione/Getty Images, ©Zbynek Pospisil/Getty Images, ©FatCamera/Getty Images, ©Petar Chernaev/Getty Images, ©amriphoto/Getty Images, ©Ljupco/Getty Images, ©ssiltane/Istockphoto; p. 5: ©Fascinadora/Getty Images, ©James D. Morgan/Getty Images, ©Ridofranz/Getty Images, ©hocus-focus/Getty Images, ©peopleimages/Getty Images, ©StockPlanets/Getty Images, ©pinstock/Getty Images, ©Antonio_Diaz/Getty Images, ©martin-dm/Getty Images, ©Martin Mills/Getty Images, ©pabst_ell/Getty Images; p. 6: ©tracielouise/Getty Images, ©frank600/Getty Images, ©Stephan Hoerold/Getty Images, ©yanikap/Getty Images, ©Andreas Gillner/Getty Images, ©stanley45/Getty Images, ©leekris/Getty Images, ©stanley45/Getty Images, ©leekris/Getty Images, ©stanley45/Getty Images, ©leekris/Getty Images; p. 7: ©Antagain/Getty Images, ©GlobalP/Getty Images, ©Antagain/Getty Images, ©ddukang/Getty Images, ©encikAn/Shutterstock, ©Prostock-Studio/Getty Images, ©DanielPrudek/Getty Images; p. 8: ©AaronAmat/Getty Images, ©Meredith Heil/Getty Images, ©Katarzyna Bialasiewicz/Photographee/Getty Images, ©Zayats Svetlana/Shutterstock, ©smuay/Getty Images, ©Paperkites/Getty Images, ©Everyday better to do everything you love/Getty Images, ©Ronald Bloom/Getty Images, ©AnikaSalsera/Getty Images, ©dreamnikon/Getty Images, ©bixpicture/Getty Images, ©didecs/Getty Images, ©Noraluca013/Getty Images; p. 10: ©nattrass/Getty Images, ©Halfpoint/Getty Images, ©Smiljana Aleksic/Getty Images, ©shironosov/Getty Images, ©supersizer/Getty Images; p. 11: ©kate_sept2004/Getty Images, ©Imgorthand/Getty Images, ©Mattia/Getty Images, ©Oksana Kuzmina/Shutterstock, ©South_agency/Getty Images, ©stockstudioX/Getty Images, ©kupicoo/Getty Images, ©yulkapopkova/Getty Images, ©fizkes/Getty Images; p. 12: ©Ridofranz/Getty Images, ©kate_sept2004/Getty Images, ©Sophie Walster/Getty Images, ©StockRocket/Getty Images, ©supersizer/Getty Images, ©JGalione/Getty Images, ©sinenkiy/Getty Images; p. 14: ©dimbar76/Shutterstock, ©undefined undefined/Getty Images, ©VikZa/Getty Images, ©Laurence Berger/Getty Images, ©arinahabich/Getty Images, ©Sirapat/Getty Images, ©Gorodenkoff Productions/Getty Images, ©da-kuk/Getty Images, ©Zolotaosen/Getty Images, ©acilo/Getty Images; p. 15: ©Artur Didyk/Getty Images, ©Pavel L Photo and Video/Shutterstock, ©KONSTANTIN SHISHKIN/Getty Images, ©Richard Sharrocks/Getty Images, ©Youngoldman/Getty Images, ©vgajic/Getty Images, ©Lorenasam/Getty Images ©KOBRA, Eduardo/AUTVIS, Brasil, 2021; p. 16: ©LCV/Shutterstock, ©Kirkikis/Getty Images, ©ugurhan/Getty Images, ©buradaki/Getty Images, ©thegoodphoto/Getty Images, ©Stephan Zabel/Getty Images, ©Johnathan21/Shutterstock, ©IrinaKorsakova/Shutterstock, ©Olesia Bilkei/Shutterstock; p. 17: ©all_about_people/Shutterstock, ©monkeybusinessimages/Getty Images; p. 18: ©Masp, Sao Paulo, ©National Gallery of Art, Washington, D.C., ©Van Gogh Museum, Amsterdam.

Richmond
Santillana Educação Ltda.
Rua Padre Adelino, 758, 3º andar – Belenzinho
São Paulo – SP – Brasil – CEP 03303-904
www.richmond.com.br
2024
Impresso no Brasil

CONTENTS

MY ROLE MODELS **4**

BE CURIOUS! **6**

LET'S CLEAN UP! **8**

TIME TO FOCUS **10**

WHO AM I? **12**

INTO ARTS **14**

MY INTERESTS **16**

THIS IS ME! **18**

MY ROLE MODELS

1 LOOK AND TALK.

2 LOOK AND CHECK.

3 THINK AND DRAW.

4 FOUR

FAMILY TIME!

4 LET'S MAKE A POSTER.

STEP 1 MAKE A LIST.

STEP 2 CHOOSE YOUR ROLE MODELS.

STEP 3 SEARCH FOR INFORMATION ABOUT THEM.

STEP 4 LOOK FOR PICTURES.

STEP 5 MAKE YOUR POSTER.

5 SHOW AND TELL.

MY ROLE MODELS

MY MOM

MY TEACHER

MARTIN LUTHER KING, JR.

A FIREFIGHTER

FIVE

BE CURIOUS!

1 LOOK, THINK AND CHECK.

WHAT INSECT BECOMES A BUTTERFLY?

1. ☐ A TERMITE
2. ☐ A CATERPILLAR
3. ☐ A DRAGONFLY
4. ☐ A BEETLE

2 LOOK AND NUMBER.

A ☐   B ☐   C ☐

D ☐   E ☐   F ☐

6 SIX

3 LOOK, THINK AND CIRCLE THE INSECTS.

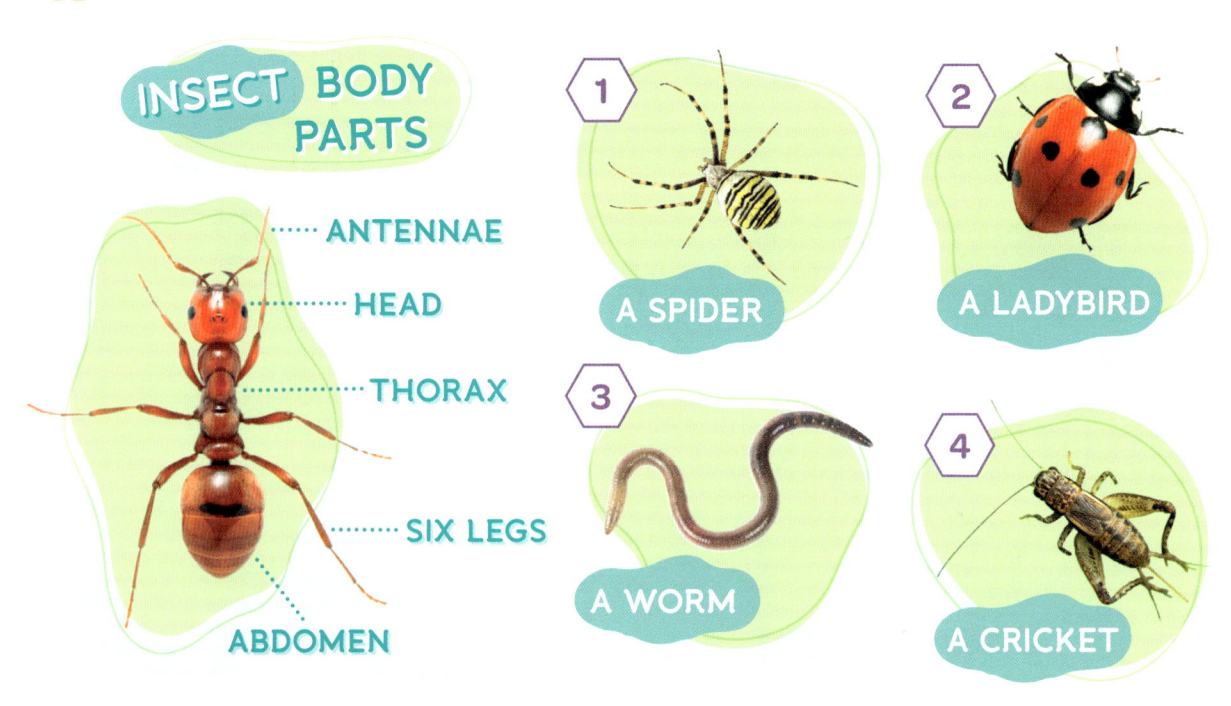

INSECT BODY PARTS

- ANTENNAE
- HEAD
- THORAX
- SIX LEGS
- ABDOMEN

1. A SPIDER
2. A LADYBIRD
3. A WORM
4. A CRICKET

FAMILY TIME!

4 LET'S RESEARCH!

5 PRESENT YOUR INSECT.

LET'S CLEAN UP!

1 LOOK AND COLOR. USE GREEN FOR TIDY AND RED FOR NOT TIDY. LISTEN TO CHECK.

2 LOOK, CHECK AND SAY.

1. PENCIL
   - TOOTHBRUSH HOLDER
   - PENCIL HOLDER

2. T-SHIRT
   - LAUNDRY BASKET
   - DRAWER

3. TEDDY BEAR
   - FRUIT BASKET
   - TOY BOX

8 EIGHT

FAMILY TIME!

3 BEAT THE CLOCK!

4 THINK, DRAW AND PRESENT.

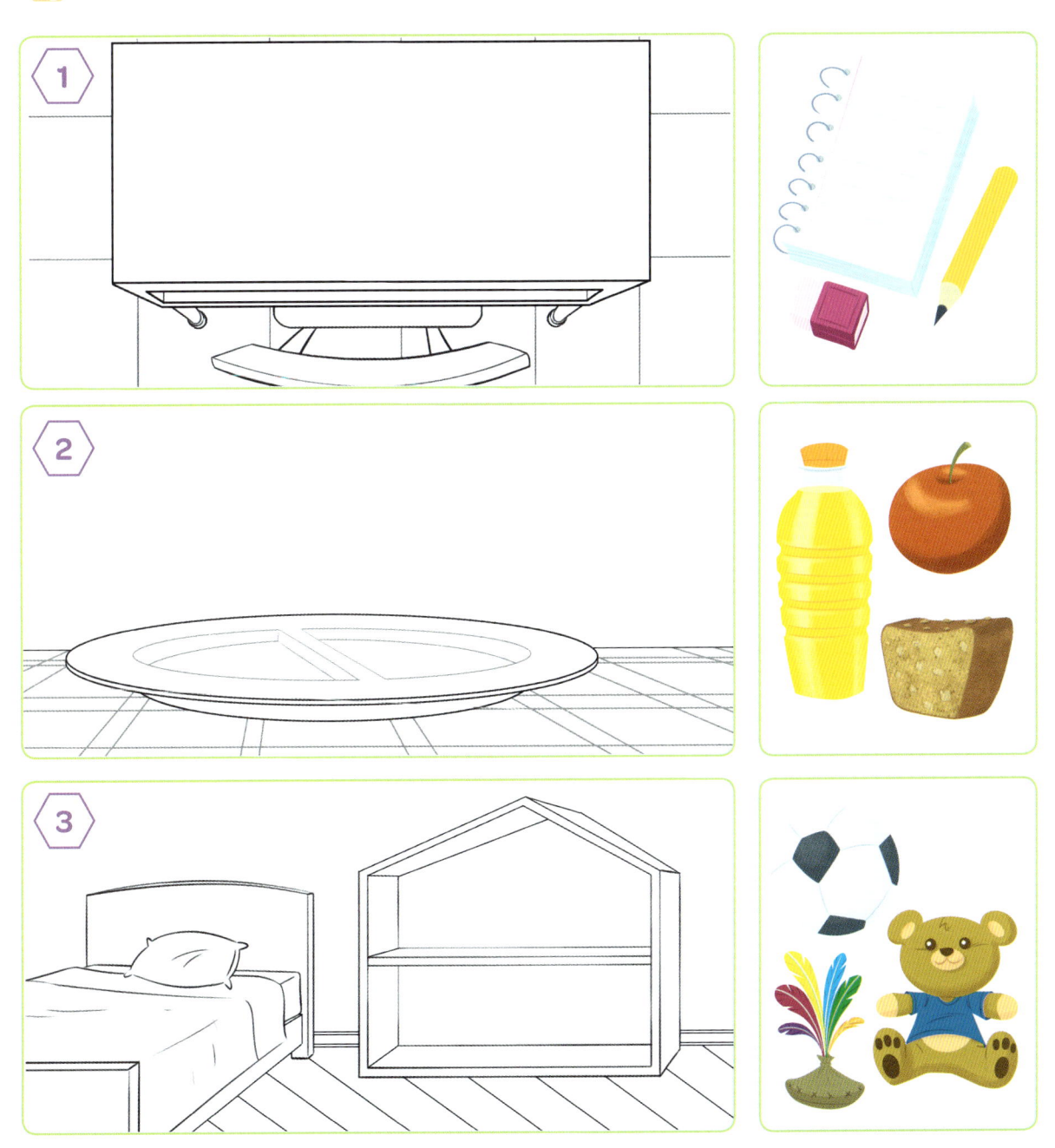

5 GROUP WORK!

NINE 9

TIME TO FOCUS

1) LOOK, THINK AND CHECK.

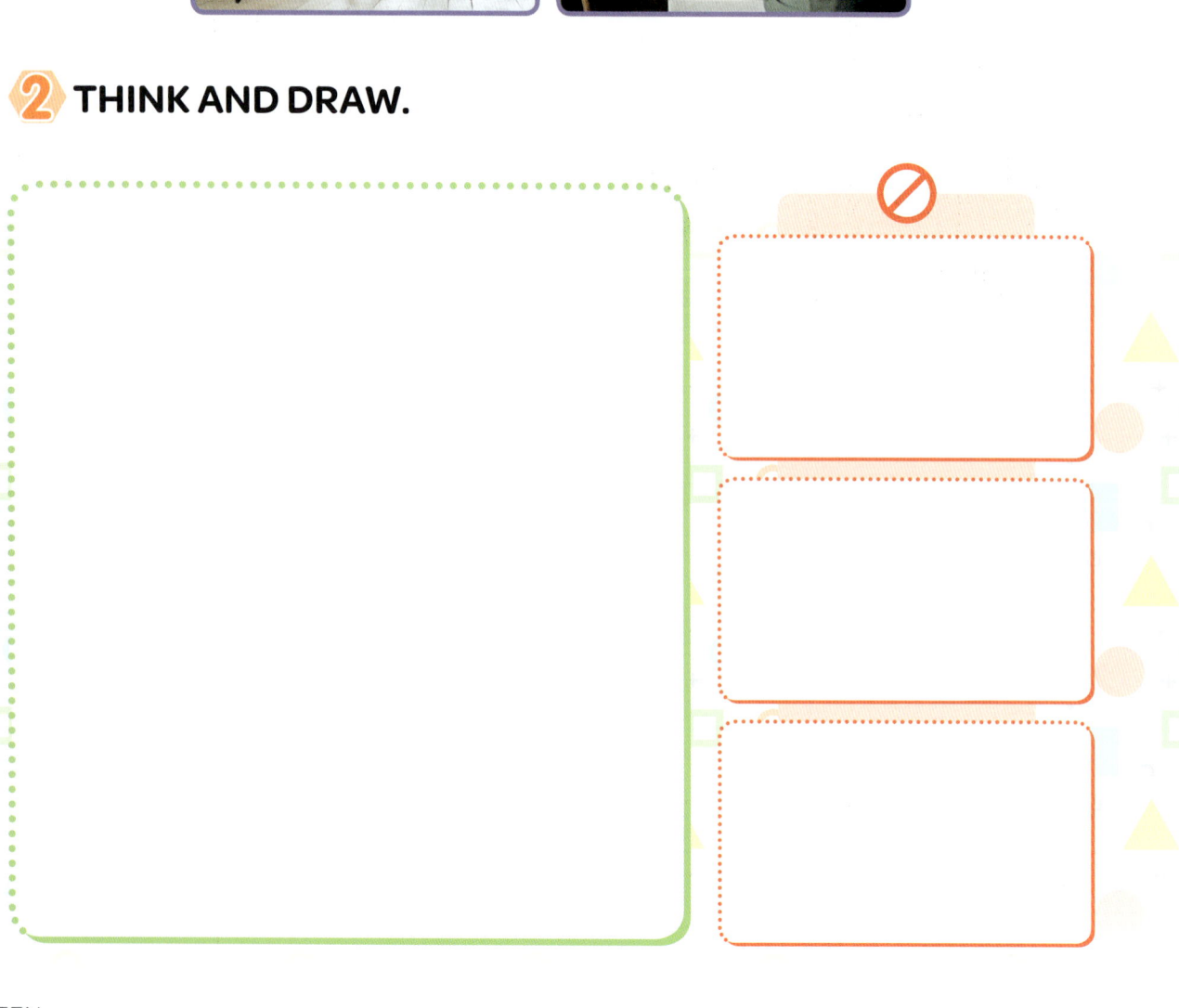

1 ☐　2 ☐　3 ☐

4 ☐　5 ☐

2) THINK AND DRAW.

3 LOOK AND NUMBER. THEN PRESENT YOUR ROUTINE.

1	2	3
MAKE THE BED	HAVE BREAKFAST	TAKE A SHOWER
4	5	6
EAT LUNCH	DO HOMEWORK	BRUSH THE TEETH

FAMILY TIME!

4 LET'S FOCUS!

1	2	3
READ A STORY	MAKE ART	MEDITATE

ELEVEN 11

WHO AM I?

1. LOOK, READ AND CIRCLE.

1. SHY
2. EXTROVERTED
3. CALM
4. CREATIVE
5. KIND
6. SMART
7. BRAVE
8.

2. SHARE AND TALK.

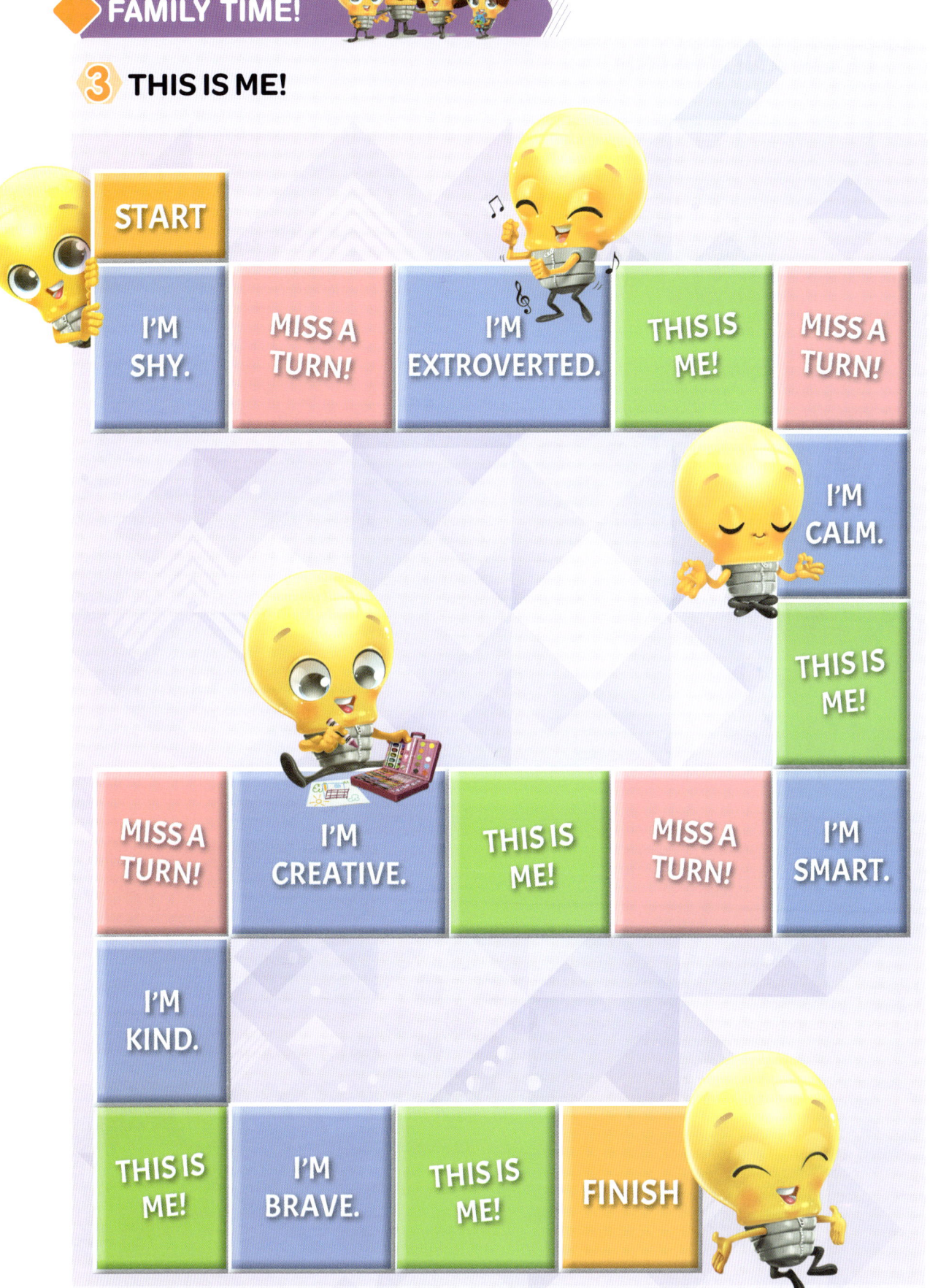

FAMILY TIME!

3 THIS IS ME!

START
I'M SHY.
MISS A TURN!
I'M EXTROVERTED.
THIS IS ME!
MISS A TURN!
I'M CALM.
THIS IS ME!
MISS A TURN!
I'M CREATIVE.
THIS IS ME!
MISS A TURN!
I'M SMART.
I'M KIND.
THIS IS ME!
I'M BRAVE.
THIS IS ME!
FINISH

THIRTEEN 13

INTO ARTS

1 LOOK AND MATCH.

1. SPRAY PAINT
2. PAINTBRUSHES 
3. COLORED PENCILS 
4. TABLET 
5. PAPER CUTS 

A. DRAWING
B. MOSAIC 
C. PAINTING 
D. DIGITAL PAINTING 
E. GRAFFITI

2 LOOK AND CHECK.

1. DANCE
2. THEATER
3. MUSIC
4. SCULPTURE
5. VIDEOS IN-STREAM

3 RESEARCH AND SHARE.

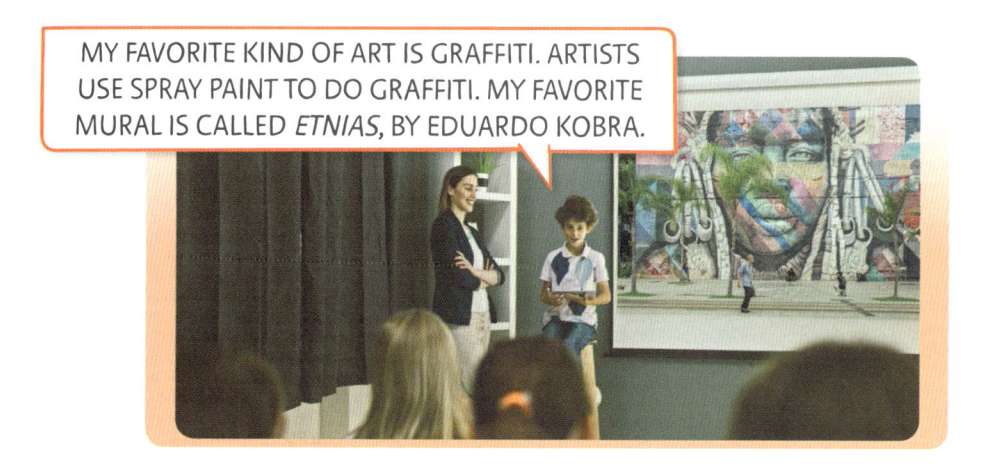

> MY FAVORITE KIND OF ART IS GRAFFITI. ARTISTS USE SPRAY PAINT TO DO GRAFFITI. MY FAVORITE MURAL IS CALLED *ETNIAS*, BY EDUARDO KOBRA.

FAMILY TIME!

4 LET'S EXPRESS ART!

5 TIME TO SHARE.

FIFTEEN 15

MY INTERESTS

1. LOOK AND CIRCLE. THEN DRAW AND WRITE.

1. SOCCER TEAMS
2. DINOSAURS
3. WILD ANIMALS
4. PLANETS
5. MUSICAL INSTRUMENTS
6. BUILDING TOYS
7. BOOKS
8. MUSEUMS
9. SEA ANIMALS
10.

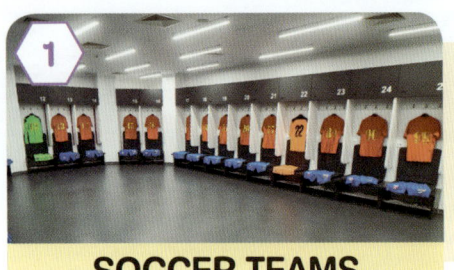

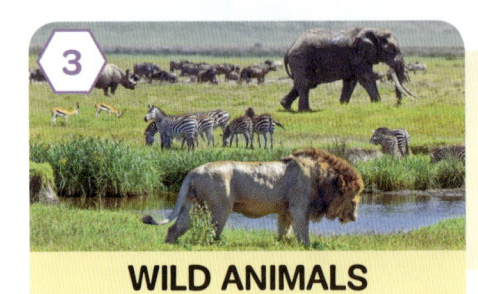

2 FIND SOMEONE WHO.

ARE YOU INTERESTED IN MUSEUMS?

YES, I AM.

ARE YOU INTERESTED IN DINOSAURS?

NO, I'M NOT.

FIND SOMEONE WHO IS INTERESTED IN...

FAMILY TIME!

3 EXPLORE YOUR INTERESTS.

THIS IS ME!

◆ **FAMILY TIME!**

1 THIS IS ME!

About me

- MY NAME IS _____.
- I'M _____ YEARS OLD.   ▪ I'M FROM _____.
- MY VALUES ARE _____.
- MY DREAMS ARE _____.
- I'M GOOD AT _____.
- MY MODELS ARE _____.
- I'M _____.
- I'M INTERESTED IN _____.

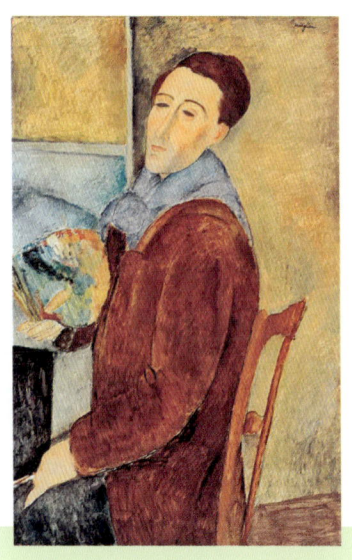

2 LOOK, READ AND SAY.

SELF-PORTRAIT (1919), BY AMADEO MODIGLIANI. OIL ON CANVAS, 100 × 64.5 CM. MUSEU DE ARTE DE SÃO PAULO, SÃO PAULO, BRAZIL.

SELF-PORTRAIT (CIRCA 1630), BY JUDITH LEYSTER. OIL ON CANVAS, 64.6 × 65.1 CM. NATIONAL GALLERY OF ART, WASHINGTON, D.C., THE UNITED STATES OF AMERICA.

SELF-PORTRAIT (1888), BY VINCENT VAN GOGH. OIL ON CANVAS, 65.1 × 50 CM. VAN GOGH MUSEUM, AMSTERDAM, THE NETHERLANDS.

3 MY SELF-PORTRAIT.

SELF-PORTRAIT (_____), BY _____.
_____, 14 × 20 CM.
_____.

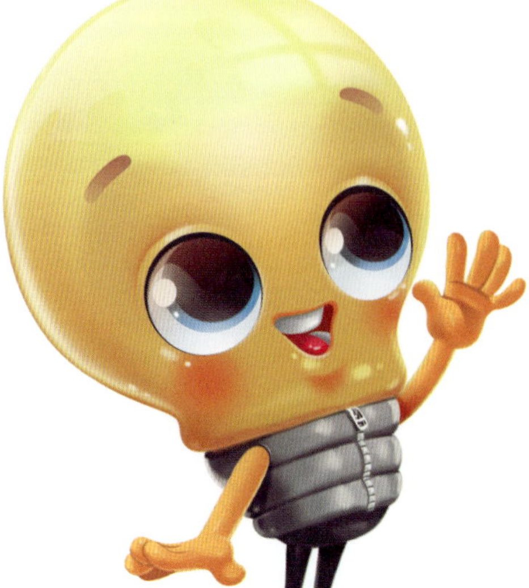